U0181468

国碑

一半 著

浙江教育出版社·杭州

序

梅香如故写《国碑》

这是一部很久以前我就想写的书。

那一年，我在采写王临乙和王合内的故事时，因王临乙是人民英雄纪念碑浮雕之一《五卅运动》的设计者，彼时就萌生了要把人民英雄纪念碑浮雕背后的故事写成一部皇皇大书的念头。一念起惊涛骇浪，然世事繁杂，遂将书写执念雪藏了二十年有余。2018年初秋，我将入下姜村采访，在古临安城里，与浙江教育出版社总编辑周俊相谈甚欢，话题从大山水写作忽而发散至新中国成立70周年选题。那天晚上，周俊与我几乎是在同时说出了“人民英雄纪念碑”七个字。选题策划有了，周俊原本属意的写书人选是我，但我手头有其他项目。周俊嘱我推荐一个人选，遂将已经与我合作完成《云门向南》的学生一半隆重推出。

一半，原名李玉梅，山东东营人氏。

相识很偶然。那是2017年秋，家母仙逝，情绪跌到冰点。给母亲“守七”完毕返京，不久便接受李炳银老师的邀约，前往黄河入海口参加报告文学高端论坛。首都机场起飞，空中飞行一个小时，便抵达了东营悦湖书院。李玉梅作为论坛工作人员在报到处接待,热情周到。

那次的报告文学高端论坛上,我做了题为“新时代主题书写的嬗变与前瞻”的发言,以我正在写作的《天风海雨》为例,强调报告文学作家起码要处理好三个关系:新时代与风神韵、表扬稿与黑白灰、文学性与信达雅。我讲到“天鲸号”上的大厨陈济元被一艘登陆舰送回岸上参加儿子的婚礼时,几近哽咽。李玉梅后来告诉我,她在一旁听课时被这个故事感动得泪流满面。虽未相互熟识,但已然有了文缘,皆因彼此相似的文学观与文学判断尺度。

返京后,陆续收到东营部分文学爱好者的习作,他们信任我,请我把脉。其中,不乏惊艳之作,李玉梅的散文《透明的金鱼缸》、小说《被帕卡带走》尤其让我印象深刻。这个籍籍无名的文学白丁文笔老辣,叙事张力极强,颇具为文的道统、法度和古韵,字里行间与我所追寻的中国气派和风格有几分相像,便起了收其为徒之意。彼时的李玉梅正在天津大学文学院进修,而我恰好要去天津葛沽镇采访百年宝辇,遂将宝辇选题作为收徒考试。采访了两天,一周后,她便交了作业,一万两千字的初稿,我略加改动,此文后来发表在《中国作家》上。事实证明,李玉梅果真孺子可教也。我书写火箭军前世今生的长篇报告文学《大国重器》在《中国作家》上全文刊发时,让其为我写篇作家侧记,这一次李玉梅亦没有让我失望,以一篇《红尘有徐剑》再次证明了她的实力。

2018 年春节,我回昆明老家过年,云南作协主席范稳兄让我召集几位报告文学作家走笔云南，指定由我来写“云南面向南亚东南亚辐射中心建设纪实”。彼时，我的《天风海雨》正在赶进度，征得范稳同意后，便邀李玉梅作为助手，协助我完成云南的项目。行走云南，采访途中我倾囊相授，教她如何挖掘故事和细节，如何设计书稿结构，彼悟性极佳，一点即通，上道很快，且很刻苦，每天晚上都将采访笔记整理出来，将白天访谈到的细节、情节一一罗列，及时与我讨论。待其完全适应后，我便自滇返京，李玉梅在其先生的陪伴下迤逦于云南道，纵横于云之南广袤的苍穹下。前期采访完成后，从盛夏到深秋，历时四个月，师徒二人四手联弹，完成了《云门向南》的书写，2019年3月付梓。收到样书后，李玉梅把自己的第一本书敬献给了她的父母。经此一役，我相信李玉梅完全有能力胜任人民英雄纪念碑选题的写作。

于是，李玉梅在其先生的陪同下，去虎门，入金田，下武昌，上金陵，过大江，进大上海，返青岛采石场，清明节到北京祭拜林徽因，南下北上，一路走来万苦千辛，点灯熬油向黑夜要时间，终于将《国碑》一书如期完成。李玉梅请我作序，且认为我是此序的不二人选。

我观《国碑》，通篇透着正大气象。正大者，上古之风也，那是一口深深的文化、思想和精神之井，它深凿于春秋战国时代，始于诗三百，积淀了老聃、孔子、庄周的至圣之思、之语，铸造成了中国历史、哲学、文学和美学的道统和法度，它颐养着中华五千年，丰润着千载世界。《国碑》的时间跨度自1840年起，至中华人民共和国成立70周年，百余年的历史时空，一个经历千载兴衰、沉浮、荣枯的民族和国度，迎来东方唱晓，雄鸡一唱天下白。人民英雄纪念碑初成，耸立于紫禁城门，巍然京畿彩云间，镶嵌于中华民族的心脏，其碑心石材取自齐鲁大地的青岛，为的就是雕塑正大气象，将鸦片战争以来中华民族的苦难、屈辱、奋斗、牺牲、荣誉、尊严皆勒石其上，东方伟人龙飞凤舞的狂草跃然石间。李玉梅的书写，清晰地勾勒出了这种思想源流，正大气象之势贯穿全书，其气，其势，犹如平地一声惊雷，更似沉沉夜幕之中的一道闪电，这种思想光芒使得《国碑》一书成为信史、青史、心灵史。十几万字的体量，如此之轻，又如此之重，纸落云烟，白纸黑字建构了一座祭祀中华民族英勇顽强、慷慨悲壮的丰碑。

我赏《国碑》，大与小的视角相互关照。毋庸置疑，关于人民英雄纪念碑的文学叙事，本就是一部大历史、大鸿篇。百余年间，关于这一历史时空的文学、史学著作汗牛充栋，竞相绽放，是中华民族争取自由独立和解放的宏大叙事。从平民视角、小人物视角切入，这是李玉梅的选择，她没有以大见大、以宏壮丽、以阔示雄，而是选择了一个小视角，一种私人叙事，以女性视角来透视这段轰轰烈烈的大历史，面对无名逝者和英魂，掬一把女人的悲悯泪，献上心香一瓣。于是，在《国碑》中，便有了不同以往、不落窠臼的书写：在虎门，一个军嫂，一个女性看庙人，七星灯闪烁，线香浮冉，林则徐、关天培等远逝的忠魂向我们走来，天若有情，应涕泪横流化作倾盆雨。第二幕，李玉梅与人拼车同行去金田村寻访那群落第的举子，他们犹如一团荒火，烧毁着城郭与宫殿，由此引出一个长久以来的诘问：如何对待寒门学子？如果阻塞了寒门学子的上升渠道，历史是否会重演？对辛亥革命的书写，从黎元洪的“黄袍加身，红楼逸梦”入笔，同样也是小视角远观大历史。五卅运动的“一个接线生之死”，角度选取非常巧妙，稍许放大了一段红色运动，以小见大，以小示阔，以小人物来展现大历史，既符合文学的创作规律，同时也实现了《国碑》“写一部属于小人物、属于大众国民读本”的选题策划预期。

我品《国碑》，深感结构之精妙上乘。对于一个时代和一个民族及国家的文学叙事，自然是纷繁复杂，这样的一部书，在设计结构时，面对众生芸芸，时代巨变，最好的结构和书写是以简单化繁复，以澄清见浑浊，以简洁解纷乱，此乃中国哲学之妙门。李玉梅在《国碑》中一路寻找民族和事件的图腾，一步步深入纷乱世界人与事的本质。她以人民英雄纪念碑的建筑结构作为《国碑》的文学结构，全书分三卷：上卷为大须弥座，全景铺陈八块浮雕，以“烟销云未散”“向天国要太平”“首义之区，民国之门”“新青年，新旗手”“中国大革命高潮的序幕”“军旗升起的地方”“持续十四年的抗日战争”“钟山风雨起苍黄”为题，介绍了中国近现代革命史上的大事件，构成了《国碑》的坚实底座；中卷为小须弥座，深度阅读林徽因，工笔描摹一个真实的女性；下卷碑身巍峨，则是一部国家记忆，从人民英雄纪念碑奠基石开始，到梁思成方案确定，而后又去探访碑心石出产地，拜访能工巧匠，唏嘘曲阳石匠今安在。李玉梅坦言相告，说她的《国碑》结构灵感脱胎于我的《大国重器》之结构，但在我看来，却是青出于蓝而胜于蓝。

我鉴《国碑》，气韵流畅语言传神。初次阅读李玉梅的文字时，就是被她的语言所打动，无论散文还是小说，语言有密度有张力，行文老道，节奏感、韵律感极强，深具雅正之美。最令我感到欣喜的是她在古诗词写作上的潜能，我给她开了书单，没想到读了两本书后，无论写古体诗还是填词牌，已然能够与我唱和酬答，其中不乏意境高古、情趣潇逸之作。李玉梅在《国碑》中探讨了“东风与西风”，新文化运动的潮头拍击之处，摧枯拉朽，大批新文化人物仗剑执戟，批判中国古汉语、古文学，西学东渐，以夷为师。在这样的背景下，古汉语之巍峨大厦被付之一炬，硝烟过处，唯余冷灰。古汉语之高贵、典雅、洗练之美尽失，唐诗、宋词的平仄押韵节奏之美烟消云散，中国文学的语言高度欧化，繁复、冗杂、累赘的翻译体长句成为现象级的存在。近年来，我在报告文学的创作中，尤其注重吮吸中国古典文学精华，让语言回到中国古汉语和中国文学的高贵、典雅的叙事上来。作为我的学生，李玉梅在《国碑》中较好地完成了叙事语言中国风格与气派的书写实践。

我读《国碑》，为自己的识人能力和文学判断力暗自欣慰。非虚构写作虽为舶来品，但是亦有中国坐标，编年史《左传》、国别体《战国策》、纪传体《史记》，这些皆为中国报告文学之巅峰。李玉梅在开始写作之前，有近二十年的电视记者从业经验，“记者，行者；行着，记着”是她的座右铭，媒体工作经历锻炼了她敏锐的观察力、强烈的思辨意识以及锲而不舍的求真心，这些都是一个优秀的报告文学作家的基本素质。我觉得好的报告文学，除了中国古典文学的坐标外，更重要的是具备人类意识的坐标，唯有如此，作家才会围绕着人物书写。通览一遍《国碑》，卷、章、节无一不是以人为本，情景交融，点线面交织，浑然一体。

如果非要说遗憾的话，那就是我的这个学生踏上文学之路有些晚，45岁才迈出第一步，在文学新人辈出各领风骚一两年的当下，不得不面对年龄的恐慌与焦虑。平心而论，李玉梅不属于天才型作家，也不是博览群书的学者型作家。她没有接受过全日制大学教育，戏称自己是野草一样的无序生长型。在我看来，李玉梅应该算是厚积薄发的生活型作家，脚踩大地，眼中有人，笔下有情。在非虚构文学创作这条路上，只要李玉梅不吹暂停哨，不按停止键，她一定会走得很远。对此，我毫不怀疑。

徐　剑

2019年7月7日写于珠海

目录

上卷　大须弥座

下卷　碑身巍峨

大须弥座
上卷
大须弥座

虎门销烟(1840年6月3日)

西江月·虎门销烟

林则徐文忠烈，虎门海滩惊天。阿芙蓉蚀骨云翻，朝野一团危乱。

时运闭关锁国，南京条约心寒。维多利亚港东边，屈辱百年梦断。

主创者　曾竹韶

主雕者　杨志卿

西江月 虎門銷煙

林則徐文忠烈虎門海灘驚天阿芙蓉蝕骨雲翻朝野一團危亂時運閉關鎖國南京條約心寒維多利亞港東邊屈辱百年夢斷

歲在己亥年之秋月書李玉梅詞於京華

紉雨齋 徐紉

紉雨齋

第一章　烟销云未散

1. 玉墟古庙有神明

从广州南站乘坐广深港高铁前往虎门,这趟车的终点站是香港西九龙。我身边的乘客在用粤语打电话。从黄河口一路南下来到珠江口,第一次在空间距离上与香港如此接近。17分钟后,眼前便是我今天的目的地——虎门,站台上有人上车,有人下车,我在熙熙攘攘的人流中站定,目送列车高速开往香港。

无论翻阅哪一个版本的中国近代史,无一不将鸦片战争列为我国近代历史的开端。虎门,则是鸦片战争绕不过去的一个地标。对我来说,“虎门”是一个中学时就知道的地名,遥远,陌生。当“虎门”与“销烟”组成一个词组时,它又成了一次次出现在历史试卷上的名词解释。虎门销烟浮雕被凝固在人民英雄纪念碑上,它被赋予了照亮民族灵魂的意义。虎门,我作为一个迟到的寻访者,来得似乎有点晚了吧。

相较于我的迟到而言,出生在河北石家庄、从小畏寒怕冷的朱国敏,作为随军家属来到虎门,她与虎门的缘分要比我早得太多。朱国敏今年55岁,丈夫是海军南海舰队沙角训练基地的一名军人,转业安置在东莞鸦片战争博物馆工作,随军后的朱国敏就在鸦片战争博物馆、虎门林则徐纪念馆的售票处上班。五年前,退休了的朱国敏重新上岗,成为虎门林则徐纪念馆东侧玉墟古庙的守庙人。

玉墟古庙一年365天无休,博物馆周一闭馆休息的惯例与其无关,越是逢年过节,来玉墟古庙的游客越多。每逢初一、十五,来的大多是本地香客,小小的庙宇里摩肩接踵,人头攒动。朱国敏总是早早地过来,擦拭香台,添加灯油。七星灯是庙里的主灯、长明灯,万万不可熄灭。点灯的油是食用油,更是可燃物,每次添灯油的时候朱国敏都得百倍小心、再小心。朱国敏手里的剪刀上下翻飞,"咔嚓咔嚓"修剪着鲜花的枯枝败叶。鲜花由鸦片战争博物馆统一采购,半个月更换一次,为10块钱一枝的白色百合花。闭着眼睛,朱国敏也能把34枝花准确无误地敬献给每一尊塑像。先挑一枝献给北帝,玉墟古庙本就是北帝庙,供奉北方真武大帝的庙宇。不更换鲜花时,净瓶里的清水也是要日日换新。钦帅林则徐、总督邓廷桢、提督关天培、副将陈莲升,这四位的供桌更是被擦拭得光洁如新。古庙虽不大,但齐齐整整地收拾完,也会累得腰酸背痛，出一身大汗。往往是这厢刚收拾完，还没等喝口水喘口气，虔诚的香客已经进门来。五年了，熟口熟面的香客不少，十天半月不见，总要寒暄几句。守庙的这五年，朱国敏几乎没有休息过，忙得脚不沾地，却也乐在其中。

我参观完鸦片战争博物馆，来到玉墟古庙门前时，朱国敏正在门口送一位带潮汕口音的香客，言谈中透着熟稔。这座庙始建年代不详，据清道光二十二年（1842年）《镇口重修北帝龙母庙碑记》和光绪六年（1880年）《重修玉墟古庙》碑石记载，清嘉庆五年（1800年）、道光二十二年、光绪六年都曾重修古庙；1992年、2007年，东莞市政府也曾先后两次拨款对玉墟古庙进行部分修缮，这才有了今天清代建筑风格明显的玉墟古庙：坐东向西，三间三进二廊合院，大木架穿斗，上厅、下厅硬山顶，封火山墙，拜亭为卷棚歇山顶，南北两侧重檐。一副对联分列庙门左右，上联为“北帝南疆施福德”，下联曰“狮洋虎海颂神明”，门楣一块木质匾额，上书“玉墟古庙”。

朱国敏挥手送别香客，回身留意到庙门口的我。四目相对，相逢是缘，她拱手迎我入内参观。

“当年从英国人手中收缴上来的鸦片就存放在这里，”朱国敏说，“你从南门进来的时候，看到左手边的两个销烟池了吧？这里到那里也就200米。装鸦片的箱子先是堆在这里，后来又一箱一箱地扛过去，丢进销烟池，撒上生石灰，再提闸放水，池子边上有条河，销烟池的水沿着河流进珠江再流到海里。”

鸦片流入中国之初多是医用，名医华佗的麻沸散中便有此物。倘若人心知足，仅仅将鸦片的应用范围限制于医药，那尘世间该少了几多战争、杀戮与暴戾？奈何一些人心长歪了，把鸦片变成了吸食国人精气神的魔鬼。从明朝的皇族贵胄泛滥到民间，朝代更迭也没能阻止其疯狂蔓延，至清雍正时期，宫墙之内，八旗纨绔，官府缙绅，工商优隶，甚至僧尼道士，吸食者甚众，其肆虐趋势引起朝廷关注，世界上第一个鸦片禁令，便是雍正七年（1729年）时颁布实施的。

道光帝即位之初，重申禁烟令，但却越禁越多。道光元年（1821年）鸦片输入5000箱，道光十五年（1835年）激增至3万箱。道光十八年（1838年），时为鸿胪寺卿的黄爵滋力主严禁鸦片，上了一道奏折，列举大量事实说明银两外漏与吸食鸦片的关系，认为“耗银之多，由于贩烟之盛；贩烟之盛，由于食烟之众”，再加上官吏的贪赃枉法，致使禁烟难成。黄爵滋主张推行“无论官民，吸食者给予一年期限戒烟，不成者平民处以死罪，官吏加等治罪”等几项具体的禁烟措施。与黄持不同政见者则认为：吸食者只害自己，贩卖者则害更多的人，故贩卖之罪重于吸食之罪。黄爵滋的好友湖广总督林则徐完全赞成其主张，并上了《筹议严禁鸦片章程折》和《钱票无甚关碍宜重禁吃烟以杜弊源片》两道奏折声援。道光帝敕令，吸食与贩卖都要严加禁止，遂任命林则徐为钦差大臣，前往广东查禁鸦片。

彼时的广州是清政府对外贸易的唯一口岸，云集了来自世界各国寻找机会的商人，以英国商人为主。起初，英国商人也曾尝试用外交手段与清政府接洽商贸互通，奈何自诩“天朝上国”的清政府却不予理会。蒋廷黻先生在他的《中国近代史》一书中发出这样的嗟叹：“中西的关系是特别的。在鸦片战争以前，我们不肯给外国平等待遇；在以后，他们不肯给我们平等待遇。”同一场战争，中国冠之以“鸦片战争”之名，英国则称之为“通商战争”。

朱国敏对我说，她在博物馆工作多年，一年到头，来来往往的游客成千上万，参观完之后各抒己见者大有人在，每每听到有人对林则徐略有微词时，她总是忍不住站出来解释。

林则徐作为钦差大臣前来广东禁烟的消息不胫而走，最高兴的莫过于时任两广总督的邓廷桢，他主政广州，对鸦片的态度先是弛禁允许，后目睹鸦片荼毒生灵，遂转变态度为查禁。从弛到禁，谈何容易？一箱箱的鸦片运进来，一箱箱的白银运出去，一进一出之间又有多少的利益勾连。彼时，正值邓廷桢焦头烂额独臂难支之际，得知林则徐要到广东，他喜出望外，当即手书一封差人送到赴任途中的林则徐手中。而后独坐窗前，淡墨生宣，书一首新词《好事近》，聊以遣怀。

好事近

云母小窗虚，窗滤金波疑湿。摇曳柳烟如梦，荡一丝寒碧。　　天涯犹有未归人，遥夜耿相忆。料得平沙孤艇，听征鸿嘹呖。

想来林则徐在打开邓廷桢的信笺时也有几分忐忑，这位只曾耳闻、并未谋面的同僚打的是什么主意呢？自己还在上任途中，人未到，邓大人的书信就快马加鞭送达了。他会写些什么呢？

林则徐拆信的手微微发颤。拆开信笺，把灯花拨亮一些，凑近细读。当读到关于禁烟“所不同心者有如海”时，林则徐感慨万千，倘若国人上下同仇敌忾，勠力同心，鸦片之祸怎会如此猖獗。信的末尾，邓廷桢这样写道：“愿合力同心，除中国大患之源。”读到此处，林则徐禁不住老泪纵横。纵然前途未卜，能有一二知己同行，也是人生一大幸事。

手握尚方宝剑的钦差大臣林则徐莅临广州，起初并未掀起惊涛骇浪，一道道禁令传下去，雷声大雨点小，收效甚微。他走了一步险棋，将外国商人聚集的十三行围得铁桶一般，撤出行里所有的中国人，断水断粮，切断与外界的一切联系。

彼时的英国商务总监查理·义律是个嗅觉灵敏的野心家，他的目光越过被围困的十三行，看到了另一番景象，在他眼前浮现的是意图关上门过日子的清政府，那富丽堂皇的紫禁城不也把他们自己“围困”起来了吗？

就在不久前，英国的马噶尔尼使团轻叩清朝大门，却在唱了一出独角戏之后黯然离去。

使团走了，门随即又紧紧地关上了。

在查理·义律以及他背后的英国政府看来，紫禁城这扇门必须打开，门里的人不主动开启，门外的人就要开动脑筋，想方设法打开。

美国气象学家爱德华·罗伦兹1963年才提出“蝴蝶效应”理论，阐述不起眼的一个小动作却能引起一连串的巨大反应。早在一百多年前，查理·义律已经躬身实践了这一效应。1839年3月27日晨，查理·义律在商馆以英政府的名义，要求本国鸦片商人将所有的鸦片先交给他，再“以不列颠女王陛下政府的名义”交给林则徐，并向英商保证他们的损失一概由女王陛下政府负责。3月28日，他向林则徐呈送了《义律遵谕呈单缴烟二万零二百八十三箱禀》。须臾之间，英商的鸦片变成了英国的鸦片。林则徐这厢欢天喜地庆祝胜利，捷报八百里加急上报紫禁城，查理·义律那边却笑得耐人寻味。蝴蝶扇动了翅膀，伏笔已然埋下。

两万多箱鸦片，在玉墟古庙里堆得满满当当，一直堆到北方真武大帝的供桌前。

1839年6月，林则徐一声令下，开始当众销毁鸦片。3日始，25日毕，销毁鸦片19187箱、2119袋，总重量2376254斤。

整整23天，虎门的空气中都弥散着生石灰粉消融鸦片烟的气味，团团浊气，阴云般盘旋在虎门上空，久久不曾散去。鸦片虽然销毁了，却远不是结局。

林则徐，近代中国第一个睁开眼睛看世界的人，他的心情并不轻松，在民众的一片欢欣中保持着心底的冷静。只因他清清楚楚地看到了两国之间的差距，他知道大清“万国来朝”繁华背后的虚弱，也知道船坚炮利的英国的杀伤力，看清两个国家间的天壤之别，洞见结局。但林则徐无能为力，也不敢道出，他只能装聋作哑，一封奏折上表朝廷，只言销烟结果，不言其他，报喜不报忧，仅在写给朋友的私人信函中隐隐发出了“奈何奈何”的慨叹。

烟销了，云却并未散去。很快，虎门销烟招致了疯狂的报复，一场英国人蓄谋已久的风暴潮席卷而来。

船坚炮利的军舰从英国起航了，一场避无可避的战争拉开序幕，而后，中国近代第一个不平等条约中英《南京条约》签署，查理·义律率先在1841年1月26日派兵占领香港。香江上空升起米字旗，直到1997年7月1日，五星红旗、紫荆花旗才迎风飘扬。

虎门销烟四人组，最早出局的是邓廷桢，他被调往福建。林则徐被革职查办，发配新疆伊犁。被贬途中，林则徐还不忘安慰家人：“力微任重久神疲，再竭衰庸定不支。苟利国家生死以，岂因祸福避趋之？谪居正是君恩厚，养拙刚于戍卒宜。戏与山妻谈故事，试吟断送老头皮。”

虽然离场的方式有几分黯然，但林则徐、邓廷桢至少活着离开了虎门，真正长眠此地的是提督关天培与副将陈莲升。道光二十一年（1841年）二月初六，英军对虎门要塞发动总攻，守军人数远低于对方，关天培死守阵地顽强抵抗，被枪弹击中殉国。副将陈莲升冲入敌阵与敌军肉搏，壮烈牺牲。他的坐骑被掳，悲愤嘶鸣，绝食而亡，被称为“节马”。今日沙角炮台遮天蔽日的大榕树下，一尊节马青铜塑像，鬃毛迎风飞扬，它向着珠江口外敌入侵的方向，不屈地昂首长啸。

虎门销烟，如同给晚期癌症患者局部切除了其中一个病灶，却匆忙缝合了创面，之后再也无心无力采取更进一步的治疗措施，结果不但没有达到预期的效果，反而刺激了肌体内外的各种围攻与反噬，内里愈加腐朽，外敌越发残暴。

2. 霓裳舞虎门

从虎门的角度望过去，香港在它的正南方。

南风知人意，戊午春来早。这一年是1978年，编号“粤字001”的太平手袋厂落户虎门，成为全国第一家来料加工、来样加工、来件装配和补偿贸易的“三来一补”企业。这种贸易形式，肇始于广东，风行于全国。

1978年，是中国改革开放的元年。

鸡蛋从外面打破是食物，是让人垂涎三尺的“肥肉”；从内里打破是生命，是打开门寻求、迎接、拥抱生机。

虎门，中国近代那段屈辱历史的开篇地，因为邻近香港，这回成了改革开放的先行地，迎来了率先发展的大好机遇。

这一年，朱华泽25岁，正在江西彭泽中学的讲台上教书育人。那时的他对浩荡南风即将掀起的壮阔波澜毫无察觉。

这一年，郭东林6岁，在广东河源的偏僻山村里过着只有过年过节才能吃米饭和鱼肉，其余时间靠稀饭和腌菜打发的日子。

这一年，陈敬太1岁，正在蹒跚学步。

另外两位即将出场的主人公，余玲、卢园英还没有出生。

彼时，虎门的时运罗盘已然徐徐转动，南风劲，风正一帆悬，势不可挡。牵一发而动全身，虎门苍穹之下风云激荡，终汇聚成巨大经济旋涡，吸引一众追梦人纷至沓来。

虎门公社将散乱在太平街巷的各个地摊集中在两座并列、长度不到50米、宽度只有10米的人行天桥上，开辟了虎门第一个“个体商户服装专业销售市场”。难得一见的衣服和各类装饰品都是“洋货”，吸引了无数被禁锢已久却在内心极度渴求美、渴望解放天性、释放天性的人。天桥市场的“洋货一条街”一天天长大、长长，20米，30米，50米，100米……太沙路的空地，盖起了可以容纳300户商户的新市场，天桥市场第二代升级版正式上线。

中国内地改革开放之初，香港及东南亚制造业正面临第一次大转移浪潮，虎门敢为人先，第一个引进“外资”，示范带动效应明显，外资企业如雨后春笋般在虎门生根发芽。1986年，丙寅年。虎年的虎门虎虎生威，虎门镇个体管理委员会出资50多万元，将镇房管所住宅楼一楼的所有临街商铺全部租借下来，将太平市场的个体商户统一集中到这里。这就是虎门第一个批发市场——富民小商品批发市场。100多年前，曾因抵御外敌入侵而闻名天下的虎门，100多年后又因敞开胸怀接受外资而享誉东南亚。

富民小商品批发市场紧邻虎门中学，多年之后，卢园英将会就读于这里，懵懂少女会在心底留下对“老富民”的恒久记忆。

这一年，卢园英1岁。

一曲《春天的故事》响彻大江南北，南海边的诗篇，像春风吹绿了东方神州，又如同春雨滋润着华夏故园。

1993年，年届不惑的朱华泽离开江西，南下虎门。从那一刻起，他把自己的职业生涯与虎门的产业发展无缝衔接，有机融合。朱华泽选择了虎门，虎门选择了服装。这一年，富民商业大厦启用，一举成为珠江三角洲地区最大的服装专业商场。时间终将证明，这一切都是水到渠成、因势利导、上合天时下合地利中合人和的绝佳选择。

这一年，郭东林在广州开始从事服装生意，经过之前一次又一次的试错，总算入对了行。服装让他赚到了人生第一桶金。此时的郭东林已经将目光瞄向虎门，尤其是目睹第一届虎门服装交易会的盛况之后。1997年，香港回归祖国，郭东林的制衣厂由番禺迁至虎门。这一年，“以纯”品牌诞生。

这一年，优秀毕业生陈敬太被东南电视台录用。国庆假期，他同朋友去厦门鼓浪屿看日出，人潮人海中有他也有她。那个她叫余玲。她不远不近、不快不慢地走在他的前面，美景令美人屡屡驻足，他只好保持君子之风，静候，等待。于是，她的每一张照片里都有他的身影。彼时的余玲在福州的一家台资企业工作，待回到福州后，朋友翻看余玲的旅行照片时发现了这一巧合，而更为巧合的是，两个人居然有交叉的朋友圈。之后，“缘来是你”的戏码顺理成章地上演。

一对情侣一前一后来到虎门，踏入电子商务领域。

2003年3月的一天，郭东林亲手点燃了“以纯”278个款式、3000件总价值30多万元的次品，一烧而光。紧接着，斥资2000多万元购置检测设备，为“以纯”品牌提高产品质量。

这一年，陈敬太、余玲的服装工作室开张营业。开门大吉，迎来港商伍小姐，做代工，开网店，日进斗金。那是虎门弯腰就能捡到钱的黄金时代。

挺过1998年亚洲金融风暴，迎来连锁加盟营销模式，虎门服装进入大鱼吃小鱼的时代，从配货制度转为订货制度；2008年金融危机，近在咫尺的广州服装批发市场、深圳服装交易会势头强劲，直逼虎门……一个又一个的挑战与困难，都没能阻挡虎门在一片水田里打造出一个梦幻般的“服装之都”，一路被模仿，从未被超越，虎门坐稳了南派女装名镇的头把交椅。改革开放40多年，虎门获得了无数荣誉：“全国财政之星”“全国乡镇之星”“中国女装名镇”“广东省文明镇”“广东省科技镇”“全国小康建设明星乡镇标兵”“全国首届小城镇综合发展水平1000强（第一名）”“最具行业影响力纺织之都”“最具影响力专业市场”“2005—2006年度中国服装品牌推动大奖”……时间不止，荣誉不尽。

2006年，郭东林的“以纯”继“中国名牌产品”后，又获得“中国驰名商标”，是广东省唯一一个获得“中国驰名商标”的服装品牌。

这一年，陈敬太与余玲创立ECA女装品牌，坚守着优雅的基调，摸着石头过河。不大不小的跟头接踵而至，艰难困顿之时曾卖掉别墅，年亏损上千万元。

这一年，卢园英从东莞理工学院工商管理专业毕业，进入富民集团工作。少年时穿过学校门口的“老富民”，青春美少女结伴同行去“旧富民”淘华衣美服，成年后入职“新富民”成为职场丽人。在富民这个平台之上，流动的是财富，抚慰的是一个个普通人组成的“民”。

2012年，朱华泽从党政办副主任的岗位上卸任，转而接受了虎门镇服装服饰协会的聘任，担任常务副会长兼秘书长。

这一年，功成名就的郭东林依然保持着第一个到公司、最后一个离开的习惯，是“以纯”最勤奋的员工。

这一年，陈敬太调整ECA女装定位，从轻奢到心奢，探索异业联盟，在全国招募百强城市合伙人，在工作与生活中寻找最佳的平衡点。

这一年，卢园英穿着粤风海韵的虎门霓裳，从女孩到女人。富民集团依旧是虎门服装的孵化器与企业家的摇篮，这里每天都发生着励志的故事。一体两面，轮番上演。

2018年底,笔者开始《国碑》一书的实地采风,来到虎门,原本只是计划瞻仰林文忠公虎门销烟的丰功伟业,谁料在玉墟古庙巧遇朱国敏大姐,一番畅聊之后,才追加了一程"虎门霓裳羽衣"的寻访。在卢园英的指引下,用脚丈量了"老富民"、"旧富民"、"新富民",在人声鼎沸的商场里试穿华美的衣衫;在下榻的酒店餐厅,一边大快朵颐一边聆听朱华泽的跨界人生;旁观了"以纯"2019春装新品发布会,却与郭东林失之交臂;在"花苑里",品着肯尼亚水洗豆手冲咖啡,听陈敬太讲述ECA女装的前世今生。

这几个人,如果没有这篇文字,没有人会觉得他们之间能有几多勾连,甚至,他们几个人几乎没有机会一起把酒言欢,但因了我之故,用文字将他们串联在一起。他们各司其职,各美其美,诠释着虎门服装的今天。

虎门服装的荣光属于昨天,现已渐趋黯淡,每一个置身其中的从业者都有或深或浅的疼痛感,尤其是面对眼下前有标兵后有追兵的局面。但那又如何呢?如果前面漆黑一片,什么也看不到,别着急,天亮后便会很美的。因为天总是要亮的。100多年的等待都如白驹过隙,眼前这一点困难,又何惧之有?

3. 在珠江口，叩天问海

东起威远，西接南沙，横跨珠江口，置身虎门大桥之上，极目四眺，便能对这座桥沟通广东东西两翼的分量一目了然。桥上原本不允许停车，却因为过于拥堵不得不停滞前行。自1997年通车以来，虎门大桥因为车流过于密集而屡屡堵车。长假出游，16公里的主缆桥面走了一天，竟然有人在大桥上看了一次江上日出。

这个人就是我。

在当下中国，经济发达与汽车拥堵之间几乎可以用等号进行连接。虎门大桥堵车的背后是多条高速公路都在莞佛高速公路东莞段交会，大量车辆在此汇集。大桥所在的莞佛高速公路东莞段是粤东与粤西地区联系的咽喉通道。从惠州、深圳及粤东等地过来的车辆，要到番禺、南沙、珠海及粤西等地，都需经过莞佛高速公路东莞段。另外，广深高速公路东莞段、广深沿江高速公路和虎岗高速公路，也都与莞佛高速公路东莞段相交。虎门镇有六个高速口，是这条经济带上无论如何也绕不过去的重要节点。

烟波浩渺，左岸是山，右岸也是山，高耸的山峰像仰天咆哮的猛虎，两尊虎隔江相峙而立，各自踞山为王，虎视眈眈地护卫珠江入海，这便是“虎门”之名的由来。这扇依山傍海的门户曾经紧紧关闭着，拒绝政治、经济、文化等一切领域的迎来送往。第一次鸦片战争爆发，国门被动打开，一只又一只“灰犀牛”接踵而来。

站在威远炮台，凝望灿烂艳霞中的虎门大桥，风从海上来。在大航海时代里的英国商人，聚焦虎门，选择香港。20世纪30年代初，65个具有自主主权的国家中只有一个超级大国——英国。凡是太阳照耀到的地方都有米字旗飘扬，号称“日不落帝国”。1997年，香港降下米字旗，五星红旗、紫荆花旗冉冉升起。日落了。

2019年，已亥年伊始，《粤港澳大湾区发展规划纲要》印发，香港、澳门两个特别行政区加广东省的广州、深圳、珠海、佛山、中山、东莞、惠州、江门、肇庆九个城市的命运从此更加紧密地联系在了一起，大湾区的思维是淡化城市的个体感，协同发展，系统发力。此刻，我脚下的这片土地，威远岛，已经划入大湾区的范畴，未来这片土地上将会孕育出什么样的传奇呢？

作家王安忆在纽约大学东亚系演讲时说，非虚构的东西是一个自然的状态，它发生的时间特别漫长，特别无序，我们也许没有福分看到结局，或者看到结局却看不到过程中的意义，我们只能攫取它的一个片段，我们的一生只在一个周期的一小段上。

100多年前，关门闭户的虎门已然印刷在教科书上，警醒着国人。100多年后虎门的非虚构嬗变，有幸目睹且记录，幸甚至哉。

暮霭沉沉高天阔，烟波一去几千里。这扇大门不会再关闭了，她张开双臂，像歌中唱的那样“我家大门常打开，开怀容纳天地”，迎接、拥抱海上来的风。

粤风拂面，结束虎门的行走，继续搭乘广深港高铁折返广州南站，今天这趟车的起点是香港西九龙。

人在旅途，择善固执。

4. 国碑史话：最深情的祭奠

我相信那天曾竹韶站在虎门前，鸟瞰这块土地的感情，或许与我是一样的。中国积贫积弱的伤口，是从我脚下土地撕裂的。一场虎门销烟之后，从此成了中华民族耻辱的印记，抑或还刺黥般地镌刻在脸上或额头上，永远也洗抹不掉。

彼时，朝阳浮冉，虎门大桥下的江水秋波微澜，静如止水，那个激荡的时代已经渐行渐远。可是我相信曾竹韶凝视这片厚土时，心情犹如海水一般激荡。

2003年12月10日，第二届"中国美术金彩奖"在北京二十一世纪剧院揭晓，中国美术界前辈曾竹韶、艾中信、力群、廖冰兄、王琦、吴冠中、黄永玉七位美术家获得成就奖。"中国美术金彩奖"是全国美术专业的最高奖。

算起来，曾竹韶与艾中信的名字并列一起的缘分，从半个多世纪前就开始了。

1953年的北京之夏，只有一个字能形容，那就是"热"。但对于艾中信来说，内心却是如释重负的清凉，人民英雄纪念碑第一块浮雕《虎门销烟》的画稿已经完成，只等把接力棒传递给负责雕塑的曾竹韶，与对方做好交接，他的任务就完成了。

相较于内心清凉的艾中信而言，曾竹韶的上、中、下“三焦”都突突冒火。两个人同属人民英雄纪念碑美工组，协力完成第一块浮雕。曾竹韶非常欣赏艾中信立足生活的现实主义艺术风格，艾中信也对学贯中西的曾竹韶敬佩有加。

看着艾中信的画稿，曾竹韶陷入了深深的思索……

曾竹韶的家乡福建厦门同安县(今同安区)安仁里曾营乡与虎门事件颇具渊源。当年，邓廷桢从两广总督调任闽浙总督，阴差阳错地从销烟的战场去往了抵抗英国战舰入侵的战场。鸦片战争伊始，英军多次派遣兵船闯入闽粤海面窥探和挑衅。由于邓廷桢早有准备，事先加强了防御力量，再加上厦门军民同仇敌忾，1840年7月2日至8月21日期间，英军在厦门海域没占到一丝便宜，久攻不下，转而去其他的地方寻求机会。一年之后的8月，此时邓廷桢已被革职，英国人卷土重来，厦门和鼓浪屿同时落入敌手。鸦片战争之后的20年间，外国列强对厦门和鼓浪屿的侵略全面展开，且迅速扩展、深化。直到1902年签订《厦门鼓浪屿公共地界章程》，鼓浪屿被列强正式划为公共租界，共有美国、日本、英国、西班牙、荷兰等15个国家在鼓浪屿设置了领事馆。厦门遂成为各种国际势力交织的地方。

11岁时曾竹韶随父母离开鼓浪屿，举家移居缅甸仰光，在缅甸仰光华侨中学度过了快乐的中学时光。曾竹韶的父亲从事大米运输生意，在仰光有田产，家境殷实。曾竹韶是家中长子，父母对他寄予厚望，希望他将来能够子承父业。16岁时，曾竹韶考入厦门集美学校，攻读商业专科。一毕业就遵照父亲的意愿回到了缅甸，帮着家人打理生意。

相比父亲的随遇而安，年轻的曾竹韶对故土有着更深的感情，人在缅甸，心在中国。曾竹韶忘不了小时候听来的关于林则徐虎门销烟的故事，离家越远越发心系祖国，他通过各种渠道时刻关注着国内的发展。1926年，北伐胜利的消息传来。侨居缅甸的曾竹韶游说父亲回国，父亲不同意，并且也不许他回国。后来，曾竹韶想尽了一切办法终于说服了父亲。然而，曾竹韶到广州还不到一个月，便发生了骇人听闻的四一二反革命政变，"四一五"广州大屠杀的枪声使曾竹韶陷入极度的悲愤和失望之中。他辗转去了上海，得知国立杭州艺术专科学校将于年底招生的消息，素来对艺术抱有浓厚兴趣的曾竹韶决定前往杭州备考。自此，对大革命失望的曾竹韶跨入了艺术之门。

多年之后，回忆起在国立杭州艺术专科学校学习期间的往事，曾竹韶觉得对他影响深远的老师有两位：一位是李金发，另一位是王静远。李金发是中国第一个象征主义诗人，是"把法国象征派诗人的手法介绍到中国诗坛的第一人"，他曾赴法国留学，就读于第戎美术专门学校和巴黎帝国美术学校，一生致力于雕塑创作，是中国最早去法国学习雕塑的留学生之一。李金发雕刻与诗文双姝，是一位"文学纵横乃如此，金石雕刻诚能为"的双料奇才。女雕塑家王静远赴法国留学期间，先后在巴黎高等美术学校预备班、波尔多省美术学校、里昂国立高等美术学院学习雕刻，术业有专攻，雕刻技艺十分了得。两位先生的法式雕塑教学模式让曾竹韶萌发了去法国留学、寻找雕塑艺术真谛与源头的念头。在两位恩师的影响下，曾竹韶最终决定远渡重洋前往法国求学。

初到法国的曾竹韶，人地生疏，语言不过关。彼时的曾竹韶听从了国立杭州艺术专科学校另一位同样有留学法国经历的老师孙福熙先生的建议，先考里昂国立高等美术学院，同时学习法文。在里昂，曾竹韶结识了吕斯百、常书鸿、王临乙、滑田友等同学。在里昂国立高等美术学院学习三年后，他又考入巴黎高等美术学校雕塑系，在著名雕塑家布夏的工作室学习，后进入雕塑大师马约尔的工作室，逐渐领悟到了现实主义造型艺术的精髓。1933年1月，曾竹韶与常书鸿、刘开渠、王临乙等人发起成立了"中国留法艺术学会"，组织一批留法学习美术的进步学生，以撰文、译文等方式，向国内介绍欧洲的绘画和雕塑，为国人打开了一扇认识西方艺术的窗户。20来年后，当曾竹韶与刘开渠、王临乙等留法学习美术的同学相逢在人民英雄纪念碑美工组时，他们不约而同地认为，是在法国的学习给了他们共同创作人民英雄纪念碑的机会。

1952年，中央美术学院指派曾竹韶、刘开渠、王临乙、滑田友等进入人民英雄纪念碑筹备组，参加纪念碑的浮雕创作工作。曾竹韶与艾中信负责《虎门销烟》的创作，艾中信负责画稿，由曾竹韶雕塑。

曾竹韶的沉思被21岁的年轻助手李祯祥轻声打断："曾老师，我们什么时候开始做泥塑小稿？尺寸是多少呢？"

"哦，好的，现在就开始吧！尺寸嘛，30厘米×80厘米就可以。"

在助手的协助下，《虎门销烟》的泥塑小稿很快完成了。林文忠公神情冷峻、威风凛凛的形象从平面到立体，栩栩如生。其他各组的泥塑小稿也相继完成，把所有的泥塑小稿按浮雕顺序排列在一起时，众人面面相觑，发现了问题。第一幅《虎门销烟》中的林则徐、第二幅《金田起义》中的洪秀全已然作古，但从第三幅《武昌起义》开始，雕塑里出现了健在的领袖人物，人民英雄纪念碑承载了明显的祭祀功能，建成之后，人们会在碑前摆放花圈以示纪念。"活人立碑"显然有悖于中国传统！同时，大家也对"到底是英雄创造了历史，还是人民创造了历史"展开了大讨论，最终"人民说"获得绝对支持：人民是历史的创造者，人民是真正的英雄。于是，美工组统一思想认识，将创作原则改成了"表现群体，不表现个体"。

从曾竹韶的内心而言，他不愿意将林则徐的形象从《虎门销烟》浮雕上剔除，那是他少年时的精神偶像。但是"表现群体，不表现个体"的创作原则是集体决定的，并且获得了人民英雄纪念碑兴建委员会以及国家领导人的认可。曾竹韶忍痛割爱，重新起草了雕塑稿，最终呈现在世人面前的《虎门销烟》浮雕人物不多，却个个形象生动，造型饱满，充满视觉的张力。

曾竹韶将浮雕人物分为三组，装鸦片的箱子犹如一条线，将三组人物有机结合在一起。从左向右,搬运鸦片箱、撬开鸦片箱、将鸦片倒入销烟池,画面人物疏密有致,有集中也有留白,留白处是销毁鸦片时产生的团团烟雾,暗合了“烟销云未散”。

站在浮雕前,细细端详,用心感受曾竹韶的雕塑语言。一个人物就是一个音符,每一个人物的面部表情、肢体形态无声宣告着他们内心深处的情绪。雕塑在曾竹韶的手中是凝固的音乐,是用他最心爱的那把小提琴演奏出的壮美乐章。曾竹韶酷爱音乐,留学巴黎期间,他学习雕塑的同时,师从著名小提琴家保罗·奥别多菲尔,在巴黎西赛芳音乐学院学习小提琴,前后达十年之久。《虎门销烟》作为人民英雄纪念碑的开篇浮雕,与其他几块最大的不同就是具有交响乐般的节奏感和韵律感。这是由雕塑家曾竹韶的音乐素养所决定的。

“《虎门销烟》是我雕塑生涯中最重要、最富激情的创作,也是我一生中体验最深、受益最大的一段艺术经历。将来它会成为我的代表作。”在一篇采访曾竹韶的文章中,我看到了这段话,诚如斯言,虎门销烟作为历史剪影,是林则徐生命中浓墨重彩的一笔,《虎门销烟》浮雕虽然没有林则徐的身影,但是林文忠公的精神与英魂犹在。曾竹韶何其有幸,用自己的方式完成了对虎门销烟的诠释、对林文忠公最深情的祭奠。

金田起义（1851年1月11日）

卜算子·金田起义

义起金田村，豪气风冲冠。笑看人间悲与欢，日月今朝换。

太平天国梦，一枕黄粱暖。终究凋零碾作泥，浊酒清宵叹。

主创者　王丙召

主雕者　刘兰星

卜算子 金田起義

義起金田村豪氣風沖冠笑看人間悲與歡日月令朝換太平天國夢一枕黄粱暖終究凋零碾成泥濁酒清霄嘆

歲在乙亥年秋月書李玉梅詞於京華

紉雨齋 徐紉

紉雨齋

第二章　向天国要太平

5. 一场落榜生的革命

佛山西至桂平的动车徐徐启动,两个小时之后便把我们送到了目的地。细雨霏霏,车站出口处一株硕大的花树笑脸相迎。某识别软件告诉我,这是“花蕊吐幽香,彩蝶闹斑斓”的红花羊蹄甲,又名紫荆花。见到了紫荆花,紫荆山还会远吗?

热情似火的司机围拢上来,在众多面孔中随机选择了一张,等到上车时才发现是拼车。先我们上车的是一家四口,中年美妇怀里抱着一个多月大的婴儿,眉宇间青涩的小夫妻是妇人的儿子与儿媳,他们一家人去不远处的桂平市妇幼保健院。婴儿发现了黄疸。

雨势不大,只是看上去劲头很足,毫无收势,被风吹成稀薄雾霭，飘荡在车窗外，笼罩在路的前方，黯淡着我们的心情和旅程。这条路的尽头是金田村，韦昌辉的故乡。

> （富人）其心骄盈殆甚，日夜方寸之中，惟慕于财利世俗宴乐之美，耽于骄奢淫逸之心，身安意足，独愁命短，不能尽享快乐之事……（富贵人之子女）每作每为，纵欲自恃，骄盈日甚，淫乐日肆。旦昼之间，不论衣食，就谈财色。群居终日，言不及义。好贪财色，爱纳少妾……以谄媚邪恶之徒为友，把直谅多闻的士为仇。见善人如眼中之刺，亲恶徒如席上之师。言行举止，动以洋烟财色为天，不知稼穑艰难之苦，弗达贸易买卖之忧。

上面这段文字摘录自《劝世良言》。《劝世良言》是林则徐的英文翻译员梁进德之父梁发根据《圣经》改写，是宣传基督教的中文布道书。

1843年，对自己的这一次考试毫无把握，甚至感到继续重复着以往的发挥失常，走出考场的洪秀全心情十分复杂。他迎面看到了一张和蔼可亲的脸庞，那正是早已等候在考场外，向饱读诗书的莘莘学子散发宣传品、宣传基督教的梁发。一个出于责任双手奉上，一个出于惯性单手接过，历史在那一瞬间，画下了一个注点。自此，《劝世良言》成为洪秀全“拜上帝会”的源头活水，支撑他一步步走上人生巅峰。

放榜之日，再次榜上无名的洪秀全高烧不退，长久地陷入昏迷状态。等待金榜题名的日子里，他熟读了《劝世良言》，约9万字，一字一字，像刻刀一样镌刻进他的心。既然朝廷的科举大门不向我开放，那我就自己来开科取士吧！

洪秀全缓缓地睁开了眼睛，“重生”后的他打量着“新世界”。“拜上帝会”诞生了。

最初的传教之路处处受阻，但是仍然有坚定的同盟者与洪秀全站在一起，冯云山与洪仁玕，他们是洪秀全在故乡广东花县（今属广州市）发展的最早的“拜上帝会”会员。冯云山、洪仁玕与洪秀全一样，都是被挡在科举大门之外的有理想有抱负的有为青年。冯云山是饱览儒经、天文、历算和兵书的全才，洪仁玕也是经史、天文、历算无所不通。科举，让人又爱又恨，的确有人学而优则仕，寒门子弟凭一己之力实现阶层跨越，但大多数人被拒之门外。连试不第的读书人首选去当师爷，希冀遇上一个赏识自己的伯乐，三试不第的左宗棠就遇到了命中的贵人——湖南巡抚张亮基，成了治世之能臣。其次效仿孔圣人，办学堂开门收徒，博一个桃李满天下。再次就是悬壶济世，中医与中国哲学密不可分，读过书的人改行学医有自身的优势。其中成功典范当属李时珍，他14岁中秀才，苦熬十年也没中举，只得弃文从医，最终写出皇皇巨著《本草纲目》。

冯云山、洪秀全、洪仁玕不约而同，先后选择当塾师。三个人中，洪秀全是最具领袖气质的，虽然他的字写得没有洪仁玕飘逸，也没有洪仁玕那样高瞻远瞩的规划能力，写不出《资政新篇》那样的著作，他也不如冯云山有献身和开拓精神，但他是天生的演说家，同样的一句话经由他口说出来总是无来由地使人信服，这份独特的魅力使他俘获了第一批跟随者。

在冯云山的建议下，他们转至广西一带传教。“两广”之分始于宋朝。以古广信为界划分，广信以东谓之广南东路，即广东；广信以西谓之广南西路，即广西。广东、广西在北宋时期正式定名，岭南从此以“两广”代称。自古，“两广”山水相连，人文相通。临行前，冯云山卜了一卦，卦示西行紫荆山乃上上卦。

紫荆花之美艳很少有人能抵挡得住，看过一眼会忍不住再看一眼。不知冯云山第一次看到此花时的心境如何，是否也会如我一般：见到了紫荆花，紫荆山还会远吗？

韦昌辉祖籍广东，明末清初，韦氏先祖迁至广西桂平金田。俗曰“缘分天定”，又累又饿意欲借宿的冯云山敲开了紫荆山脚下金田村韦昌辉家的大门。熟悉的乡音拉近了冯云山与韦昌辉的距离，恳谈一番后，同为落榜生的经历把他们拉得更近了，两人真是相见恨晚。韦昌辉之父韦源介头脑灵活，典当行经营得风生水起，三代累积下来，田产房产无数，算得上是富厚之家。韦父对儿子昌辉寄予厚望，希望他能考取功名，改换门楣，光宗耀祖。不曾想韦昌辉尚武厌文，结果名落孙山。即便是后来韦家耗费银钱捐了个功名，韦昌辉也无法融入真正的权贵之中，还常受当地大户的欺侮和讹索。冯云山的到来点燃了韦昌辉对新生活、新世界的憧憬与希望。

韦昌辉以韦家的数万银钱做投名状加盟了“拜上帝会”。他在自家的深宅大院里开了12座打铁炉，请来工匠日夜开工，“叮叮当当”打制长矛、大刀，打造好的长矛、大刀趁着夜色秘密沉入韦家不远处犀牛岭下的犀牛潭。

沿着桂平市金田镇太平天国起义纪念小学门前的路向东走不多远，就是北王韦昌辉故居遗址。在遗址之上，后人翻建了一栋四合院。我眼前的犀牛潭在一片茫茫雨雾中静默如昨，死水无澜。其实，从古至今波澜壮阔的永远都是人心。心机缜密的韦昌辉在家中的池塘里养了一群鹅，“曲项向天歌”变成了绝佳的掩护。当年养鹅的池塘犹在，只是没有白毛浮于绿水上。

很快，定盘星洪秀全来了。

耕山烧炭的杨秀清来了。

穷娃子萧朝贵来了。

多才多艺的石达开也来了。

万事俱备，东风徐来，终于到了1851年1月11日这一天。这一天，金田村边犀牛岭北的古营盘，战鼓擂声震天，火炮声震耳欲聋，海青色的大刀闪着寒光，长矛的红缨艳丽如紫荆花，东风烈烈中万众齐聚，为洪秀全庆祝寿诞。洪秀全、杨秀清、萧朝贵、冯云山、韦昌辉、石达开穿过山呼的人群，依次款步登上古营盘中间的圆形土台。

冯云山作为主持人，上前一步，做正戏开锣前的动员：“兄弟姐妹们,昨天晚上我做了一个奇怪的梦,一个金盔金甲的真神在天顶上飞过。我追出门来,只听一声响,有如雷鸣,那金盔金甲的真神就钻到祠堂后面的草地里,不知这主何吉凶啊?兄弟姐妹们,这是一个好梦啊,既有真神落地,不妨我们把他掘出来看看!"

依照指引,在真神落地处挖掘出一块高约一米的石斗。石达开朗声念道:"庚戌十一,金戈铮铮,跟随我主,天国太平。"

"消灭清妖!天下太平!"山呼海啸中,洪秀全迈着稳健的步伐移步土台中央,开始他登上历史舞台的第一次演说:"清朝皇帝、大小贪官污吏都是妖,在诛之列,乱极则治,暗极则光,天之道也。从今天起,我们不再是清妖的子民,我将带领你们去创建人间天堂。天下多穷人,尽是兄弟之辈;天下多女子,尽是姐妹之群。我们相与做中流砥柱,相与挽狂澜于既倒。天下凡间,我们兄弟姐妹所共击灭,唯恐不速。清朝皇帝他是何人?竟敢称帝!只见其妄自尊大,欺凌百姓,理所应当推倒他,让他永远沉沦于地狱。"

"消灭清妖!消灭清妖!消灭清妖!"那一刻的古营盘,万众一心,"向天国要太平",那一刻是太平天国的"创世纪"。

巨石立于土台前,原本躺倒在地的一面杏黄大旗冉冉升起。这便是拜旗石的由来。160多年过去了,拜旗石依然立在那里,石身遍布青苔略显风化之相。一些迷信的人认为,它已成为这片土地的神灵,初一、十五或者逢年过节,总有人过来参拜献祭。俯身仔细查看,石头周遭,果真有燃烧纸钱和果品腐烂的痕迹。如果拜旗石开口说话,它会告诉我什么?

1961年，金田起义旧址被确定为全国重点文物保护单位。

6. 金田二三事

从小到大，陈辉洋都在疑惑一件事，父亲的身体里是不是植入了一个闹钟，永远准时，永远整点。小时候喊他起床去上学，现在喊他起来开工。

凌晨三点的梦弥散着黄豆泡发后的大地之馥，香得让人欲罢不能。父亲的第一声呼唤，通常只能让陈辉洋在睡梦中翻一个身，第二声呼唤勉强能把他从梦乡拉入现实，直到添加了带有豆腥气味的第三声怒喝，才能让陈辉洋悠悠醒转。

腐竹工坊里的灯光已经被父亲点亮，灯光将父亲变胖，投射在墙上，摇摇晃晃。每次都会让陈辉洋想起朱自清笔下的《背影》。远处、近处不断有灯光亮起，大有争先恐后的意味，一座座腐竹工坊次第醒来。这里是广西桂平社坡镇，这里出产的社坡腐竹享誉全国，热销东南亚。

陈辉洋家的腐竹工坊里热气腾腾，豆浆机已经在旋转，饕餮一样吞吃着水灵灵、圆鼓鼓的黄豆。炉火已经点着，一个个槽口缓慢升温，等待滚沸豆浆的注入。扑面而来的生豆气息混杂着豆浆热浪让陈辉洋彻底清醒了。有一次，他去参加同学聚会，出门前明明洗了澡换了衣服，却仍然有同学闻出了他身上隐隐约约的腐竹味道。就像他以前仅凭气味，也能在人群里准确无误地找到自己的父亲和母亲一样。陈辉洋其实挺佩服自己的父亲，寡言的父亲虽然没有学过统筹方法，也不一定明白烧水泡茶背后蕴含的逻辑，只是生活的历练就足以让他成为一名技艺高超的腐竹制作统筹大师。

陈辉洋是独生子。父亲原本对他寄予厚望，希望他一路读书，小学、中学、大学，然后走出经年云雾迷蒙的大山，去往大城市。村里很多小孩都去了广东，广东与广西，一字之差却迥异。广东是被时运眷顾的地方，那里霓虹闪烁，摩天高楼穿入云层；广西呢，广西有十万大山。陈辉洋学习并不用功，更算不上刻苦，成绩只能说马马虎虎过得去。父母渐渐接受了现实，只要求儿子拿到高中文凭。这几年，外出打工的人带来的消息是广东招工的最低学历要求已由十年前的初中学历提高到高中学历。

6月底7月初，陈辉洋的高考成绩出来了，虽离心仪的大学相差甚远，但填报一个三本学校还是可以的，不过，那将意味着相对高昂的学费。填报志愿的日子一天天流逝，陈辉洋的班级里，像他一样犹豫不决的不在少数。几个同学最终拗不过家长，相继填报了志愿，而陈辉洋直到高考志愿填报系统关闭，也没有登录填写。他选择了主动放弃。

陈辉洋从小就是一个主意大过天的孩子，他长着一副典型的岭南面孔，寡言继承自父亲，清秀来源于母亲。放弃读大学的前一夜，一家三口在腐竹工坊里一边劳作一边恳谈。

“读一个三本学校没意思，学不到东西，花钱还很多，划不来。”

“那就去广东打工吧！我们托人帮你问一下。”

“我不想去。被人管，不自由。”

父亲停下手中的活计，看着陈辉洋，沉默半晌，说：“那就从明天开始跟我做腐竹。”

“习惯的养成只需21天。”这句话，原先的高中老师几乎天天在课堂讲，听得陈辉洋的耳朵起了厚厚的老茧。实践证明，老师的话是对的。以前隆隆的雷声也不能吵醒的陈辉洋，现在只需父亲几声呼唤便能从梦乡回到现实，然后就像踩着棉花般站在腐竹工坊里，把豆浆冷凝结成的腐竹一层一层揭起，晾晒，之后交予批发商。从此，20岁的青春与点灯熬油的家庭手工作坊磨合、捆绑，在广西的十万大山里，日复一日，年复一年。

与陈辉洋是偶遇，我们分赴各自的目的地，却搭乘了同一辆出租车。他告诉我，他儿子出生一个月后，黄疸指数偏高。三天前，曾去桂平市妇幼保健院检查，医生开了三天的药。今天是他们复查的日子。

陈辉洋一家在医院门口下车，挥手告别。年轻的父亲忽然说，希望儿子长大后能好好读书。

“我大儿子与他差不多大，18岁高中毕业后去广东打工了。”陈辉洋一家下车之后，一直保持缄默的出租车司机甘永杰忽地打开了话匣子。有几次我不得不提醒他专心开车，而他却哈哈一笑，自恃驾驶技术了得，依然执着于他的表达。

“广西的‘桂’指的就是我们桂平。”甘永杰的语气里是满满的自豪。

桂平隶属于贵港市，是个县级市，2016年的时候人口已过200万，是中国人口最多的县之一。北回归线穿桂平而过，太阳在这里转身，若凑巧，便可一脚站在热带，一脚站在北温带。

甘永杰也是社坡人，初中毕业便去了广东。先是在一家毛织厂落下脚，因为工厂管吃管住。工休的时候，甘永杰就出去逛街，看大广州的繁华。逛着逛着就逛出了商机，随处可见的饮料瓶，小区垃圾箱旁随意丢弃的报纸、纸盒，这些在甘永杰眼中都是好东西。打定主意的甘永杰从工厂辞了工，买了辆二手三轮车，开始了他在广州的第一次创业。不以利小而不为，这是多年之后已经迈入小康生活的甘永杰对自己起步阶段的总结。集腋成裘，废品回收让甘永杰的财富累积成倍叠加，这让他始料不及。几年下来，银行卡上小数点前面的“0”让甘永杰觉得心满意足后，他决定转行。废品回收虽然利润颇高，但又脏又累，还不时招来鄙夷的眼神。转眼之间到了谈婚论嫁的年龄，大广州遍布广西老乡，热心的老乡帮甘永杰撮合了好几次，奈何对方一听他是收废品的，连见面的机会也不给。甘永杰卖掉三轮车，开起了出租车。出租车司机甘永杰很快就中了爱神丘比特的箭，1997年初结婚，年末就有了儿子。

甘永杰的老婆原本也在广东打工，怀孕后就回到了甘永杰的老家社坡镇复安村。

甘永杰的大儿子跟陈辉洋一样，对学习兴趣索然，高中毕业，沿着父亲的轨迹去打工，彼时南广高铁已经开通。大儿子选择了佛山，从桂平高铁站到佛山只需两个小时。大儿子在佛山的一个家具厂找到了工作，负责沙发海绵的加工。大儿子像当年的甘永杰一样，在陌生的城市里勤勤恳恳经营自己的工作和生活。

对大儿子的未来，甘永杰稍微有点担心，当初他离家闯世界的时候，广东工厂对工人的最低受教育程度要求是初中学历，他在毛织厂时就是在流水线上干活，工作性质属于劳动强度大、技术难度低，现在听说广东很多的工厂里，类似的工作已经被机器人取代了。现在大儿子在佛山找工作，听说工厂对工人的要求已经水涨船高到最起码得是高中学历。甘永杰记得当时工厂里相对干活少、拿钱多的大都是那些上过大学的。当时甘永杰心里也是羡慕得紧。不过，甘永杰的人生经验同时也告诉他，只要有心，踏实肯干，一定能博出个名堂。三百六十行，行行出状元。他收废品起家不也让家人过上了好日子嘛？让甘永杰引以为傲的是女儿和小儿子，这两个从小被爷爷奶奶带大的留守儿童均有学习天赋。

“知道浔洲中学吗？”甘永杰一脸得意。

1904年，清政府推出了以日本学制为蓝本的新教育体制“癸卯学制”，把全国学堂分为基础教育和职业教育，其中基础教育分为三等七级，即初等教育（包括蒙养院、初等小学堂和高等小学堂）、中等教育（中学堂）和高等教育（包括高等学堂、大学堂和通儒院）；职业教育则包括师范教育、实业教育和特别教育等。从层次上来看，非常接近现代社会的教育体系。桂平在1913年之前一直称浔州府，浔州高中就是在“废科举、兴新学”的大背景下创办的，迄今已有100多年的历史。

三年前，甘永杰的女儿以优异的成绩被浔州高中的重点班录取。彼时，甘永杰还在广东开出租车。那一天，学校给他打电话，告诉他浔州高中减免了他女儿的学费。甘永杰几乎不相信自己的耳朵，他语无伦次地跟坐他车的乘客分享他的好消息。那一刻，他特别想念他的家人——老婆、女儿、儿子。他觉得有点愧疚，这么多年离孩子们很远，疏于照顾，好在孩子自己争气。不久前，小儿子的好消息也来了。柳州市高中面向全省自主招生，5000人参加考试，只录取100人，甘永杰的小儿子就是其中之一。

老婆给甘永杰打电话的声音带着哭腔，女人高兴得没了主意。甘永杰当即决定，收拾行囊回家。他要与家人在一起。

已奔五的甘永杰过上了他一直以来想要的生活，他在家附近开出租车。女儿马上就要高考，他负责每天接送，老婆负责煮饭，给女儿调理身体增加营养。他们一个月去柳州接一次儿子，那是甘家的另一个希望。

7. 高铁时代的联想

窗外的雨丝细细密密，车速不减，扰动着水雾、雨雾的清梦。

“这是雾还是霾？”忍不住问一句。

“什么？”甘永杰没听清楚，看我的眼神带有迷惑。

“这是雾还是霾？”重复一遍问题。

“雾！”甘永杰回答。“我们这里没有霾，广东有。大城市才有的，我们这里没有哦！”

“那你是因为老家没有霾才回来的喽！”我们的猜测让甘永杰哈哈大笑。甘永杰说，这几年他周围越来越多像他一样从大城市返乡的，有像他一样为了孩子在家门口就业的，也有在大城市开阔了眼界回乡大展拳脚的，当然更多的人像候鸟一样飞翔在城市与乡村之间。从广东回到广西，甘永杰的收入虽然没有以前高，但是离家近，心里踏实。用他自己的话说就是“现在多幸福啊”。

太阳当顶的时候，我们才抵达目的地金田村。这几年，金田村的红色旅游日渐兴起，甘永杰经常载着全国各地的客人过来游玩。他熟门熟路地将车停在一家粉店门前，向吃惯了山东大馒头的我们科普米粉的吃法与妙处。抱着试试看的想法，点了一份螺蛳粉、一份老友粉，禁不住甘永杰的强力推介，又往各自的粉里添加了一张社坡腐竹。甘永杰说，只有吃过这里的米粉，才算是真正到过这里。

在太平天国金田起义旧址售票处买了三张门票，邀甘永杰与我们一起入内参观。

观光车加至最大马力向上攀爬，止步的地方便是金田起义旧址的广场，广场中心是一尊高大的雕像，刘开渠亲笔题写的“天王洪秀全”，磅礴大气，浩然宏阔。雕塑高9.5米，用了99块花岗岩，是刘开渠的学生朱培钧在1991年，为纪念太平天国金田起义140周年完成的作品。

近处的地方没有风景，一年当中，甘永杰无数次载客来金田起义旧址，但他一次也没有进来过。上学时对金田起义的知识储备早已湮没在生活的柴米油盐酱醋茶里，当他听到讲解员说洪秀全是广东人时，不禁“啊”出声来。当年，广东人洪秀全跋山涉水来广西追梦，100多年后，广西人要到广东去追求自己的梦想。

顾城有一首诗《小巷》：“小巷/又弯又长/没有门/没有窗/我拿把旧钥匙/敲着厚厚的墙。”

这24个字，如果100多年前被洪秀全读到，他一定会将顾城引为知友。100多年后，这首诗又何尝不是从广西涌入广东的人潮的心理写照？学而优则仕的观念早已根深蒂固，科举制度取消之后，被精英视之如命的上升渠道关闭，读书人没有了出路。清政府官场腐败严重，派系政治、圈子政治盛行，任命官员靠举荐，毫无公平可言。

走出金田起义纪念馆的大门，雨势丝毫未减。从门口到六王的雕像有一大段距离，雨雾中清晰可辨他们决绝、果敢的身影，他们是那个时代的追梦人,用尽全力与时代博弈,无所畏惧。

再大的风雨也不会影响既定的旅程。收拾行囊,追梦在路上。此梦非彼梦。

这趟出行,几乎是一趟高铁之旅。高铁从起点,驶向终点,偶有站点停停靠靠,有人上亦有人下,有人调座亦有人补票,有增有减。高铁时代的幸运在于,有门也有窗,畅通的社会流动渠道会将你、我、他安全便捷地送达目的地。

看一眼窗外,我们走到哪里了?

8. 国碑记忆:人生是场圆舞

王丙召远眺金田村时,眼睛里点亮的是一盏忧患之灯。我相信,这盏生命之灯至今未曾熄灭,一直闪烁在他金田起义的雕塑之中。那是一个五更寒的凌晨,漫漫长夜至暗的时刻,寒门子弟推开那扇不能挡风避雨的门,抬头望星空,北斗星不见,人生之北不知在哪里,奋斗、挫折、挣扎,阶层固化之时,寒门子弟再无上升之道,安身无所,立命无天。某个时刻,革命者振臂一呼,响应者众,考场失意的少年、青年、壮年,遂成造反中坚,这是对文明社会的杀伤。

所幸,王丙召未遇上这样的五更寒;所幸,我亦未在落榜学子的行列。此时此刻,我试图猜想王丙召在金田村采风时捕捉到的感觉,是否与我今天有几分重合。

从黄河入海口驱车去青州,只需一小时。青州有好友,这条路曾走过无数次,但这一次非比寻常。今天是一次寻访之旅,寻一个故人,一个已经故去的人。

天下分九州,东方属木,木色为青的青州是其中之一。青州是一座古城,历经千年沧桑,青山不改绿水长流,地灵之处人杰辈出,名人足迹遍布古州。

汽车导航设置的目的地是青州何官镇张高村,正是今天要寻访的已经故去的王丙召先生的故乡。

村口处的南墙根下,一群棉衣棉裤的老人抄着手在享受冬日暖阳,开着家常的玩笑,嬉笑戏谑。原本只是停车问路,却意外在人群中寻得了王丙召先生的忘年交王子义。

王子义今年74岁,曾经在张高小学、张高中学任教,是一位有着几十年教龄的人民教师。1962年,二十不到的王子义经常去探望失意返乡的雕塑家王丙召。

在王子义的记忆里,王丙召先生是典型的山东汉子,生性耿直,话不多,有一句是一句。王子义喜欢书法,爱好绘画,所以经常去向王丙召请教。他说,当时王丙召已经身患重病,住在其兄弟王炳坤家中,由亲侄子王培亭照顾了许多年。

话题聊到这里,便请求王子义老人带我们去拜访王丙召先生的侄子王培亭。

王家在张高村南头，门前地势开阔，有一小块覆盖着塑料薄膜的菜地，周围堆满了柴草，不远处是一片小树林。进得门来，才发现这是由两个院子合二为一的大院落，三间土坯房和五间大瓦房连在一起，开了两扇门，西边是一扇老式的黑漆木门，东侧是一扇新式的大铁门。当年，王丙召回到青州后就住在这三间土坯房中。

王培亭与王子义因王丙召结缘，一个是照顾老人生活的侄子，一个是热爱艺术前来求教的学生。两个人的友情也已持续了50多年之久。老友见面，聊完今天聊当年。与王丙召相伴的12年，是两个人共同的记忆。

王子义说他亲眼见过王丙召画的《金田起义》的画稿，王培亭依稀也有几分印象，但是画稿后来不知所踪。目前家中所存只有一张2001年的《青州日报》，上面刊发有王丙召的生平故事《一位不该被遗忘的雕塑家》。

1980年12月20日，上海《语文学习》编辑部应初中学生及一些中学语文教师的要求，曾专门查询《人民英雄永垂不朽——瞻仰首都人民英雄纪念碑记》这篇课文中人民英雄纪念碑碑座大型浮雕的作者。他们给人民出版社去信："贵社1959年出版的《首都人民英雄纪念碑雕塑集》一书中，在提到8幅大型浮雕的作者时，有7幅均介绍了作者姓名，唯独从碑身东面起第二幅《金田起义》未署作者姓名，请帮助查询。"

得到的答复是"《金田起义》作者，无人知晓"。

王丙召，原名王炳照，字景秋，“丙召”有“响应祖国召唤”之意，是王炳照在中华人民共和国成立后自己改的名。

王丙召1913年4月21日出生，在青州古风古韵的熏陶中慢慢长大，对书法、美术有着天然的悟性。1935年，王丙召以优异成绩考入苏州美术专科学校学习绘画。三年后，进入国立艺术专科学校雕塑系，专攻雕塑。因毕业考试成绩突出，留校任教。机缘巧合，进入刘开渠工作室，担任其助手。

刘开渠早年毕业于北平美术学校，后赴法国，在巴黎国立高等美术学院雕塑系学习，归国后任国立杭州艺术专科学校教授。刘开渠的雕塑风格融中西技艺于一体，手法写实，造型简练、准确、生动。王丙召没有走出过国门，他手中的雕塑、笔下的画稿更多的是体现中国传统技艺。给刘开渠担任助手的这段时间里，王丙召像块海绵一样汲取着营养，学习、实践、创作，雕塑艺术水平突飞猛进。彼时，刘开渠正在创作铜像《孙中山先生》，王丙召有幸作为助手参与其中，完成了这一经典杰作。

著名画家徐悲鸿也非常赏识王丙召的出众才华。中华人民共和国成立后，徐先生筹建国立美术学院（中央美术学院前身）招揽教员时，向王丙召抛出橄榄枝，他欣然接受。40岁那年，王丙召晋升为教授，是中央美术学院的首批教授之一。

要在天安门广场建立人民英雄纪念碑的消息不胫而走，兴建委员会主任委员由时任北京市市长的彭真担任，副主任委员由建筑专家梁思成、雕塑大师刘开渠及北京市政府秘书长薛子正担任。很快,召集雕塑家、画家的集结号吹响了,王丙召也收到了英雄帖。能够参与这样一项全国亿万人民瞩目的巨型雕塑创作,对艺术家而言是可遇而不可求的人生经历,王丙召激动得好几个晚上睡不着觉。进入人民英雄纪念碑美工组之后,王丙召领到了自己的任务,创作大须弥座上第二幅浮雕《金田起义》。

实地采风是创作的第一步。接受任务后,王丙召与同组的创作人员前往广西桂平金田紫荆山区徒步考察。他们在大山里待了一个多月,翻越犀牛岭,看夕阳倒映在犀牛潭的无波静水里。古营盘、拜旗石、古林社……一处处遗址前,都留下了王丙召探寻的身影。历史一去不复返,百年传说仍流传。在实地考察的过程中,他们向当地群众广泛征集与金田起义有关的老物件,如服装、用具、书籍等,更重要的是走访知情人,促膝长谈,围炉夜话,听他们口耳相传的关于金田起义的民间故事,对照历史记载,力求最大限度地还原历史,靠近历史。

金田归来,中国近代史上最壮阔的农民起义浮雕便行云流水般从王丙召的手中流淌了出来:东风怒号,催动一面面旌旗发出猎猎共鸣,同仇敌忾,漫山遍野号令震天。旗帜就是方向,方向就是人心,而人心向背决定存亡。猎猎旌旗,他们方向明确,步调一致,向天国要太平。浮雕写实的同时,也加入了王丙召的思索。浮雕上的人物为什么眉头紧锁?是忧惧未卜的前途,还是对扑朔迷离的人心存有疑虑?雾霭重重中,他们出广西、入湖南、进湖北,定都南京,而后挥师北伐,扬鞭西征。被烈火烹油的成功迷醉了的诸王，一个个折戟在前行的路上。《金田起义》的浮雕上演了一阕跌宕起伏的悲歌，浮雕外那双谱写悲歌的手同样命运多舛。就在纪念碑工程即将竣工的时刻，王丙召被划为“右派分子”，剥夺了署名权，从中央美术学院调往吉林艺术专科学校（后更名为吉林艺术学院），“文化大革命”中，又被戴上“反革命分子”帽子。

早在外出求学之前，王丙召已经遵从父母之命、媒妁之言，迎娶了青州何官镇李马村的张汝英为妻。张汝英性情温婉宽厚，是料理家务的好手，唯一让王丙召不如意的是妻子不识字，不能与他琴瑟和鸣。王丙召成为中央美术学院的教授后，向张汝英提出了离婚。

离婚的消息像晴天霹雳，善良的张汝英怎么也没想到她会成为戏文里的“秦香莲”，一哭二闹三上吊，但是王丙召斩钉截铁地告诉张汝英，他是铁了心要离婚的。无奈之下，张汝英提出，离婚不离家，不管王丙召要不要她，她生是王家的人，死是王家的鬼。

婚到底还是离了。张汝英领着两个女儿，看着王丙召决绝远去的背影。两个女儿撕心裂肺的哭喊声也没能让她们的父亲回头看一眼，哪怕是一眼。

彼时的王丙召已经心有所属，他在北京有了新的爱人，新爱人在文工团工作，年轻，漂亮，能歌善舞。才子配佳人的新生活开始了，第二任妻子为王丙召生了两个儿子。天有不测风云，他们的小儿子六岁时，有一天，在马路上玩耍，因车祸意外身亡。祸不单行，王丙召不久又被划为“右派分子”，妻子随即提出离婚，与他划清界限，大儿子改随母姓。孤家寡人的王丙召独自离开北京去了吉林长春，丧子，离婚，下放，批斗，无情的打击接踵而来，王丙召病倒了。从哪里来，到哪里去，山穷水尽的王丙召踏上了回家的路，自从离婚之后，这是他第一次返家。那么久不回家，家，还在吗？

推开熟悉的院门，两个女儿已经出嫁，只有离婚不离家的老妻犹在。张汝英抬头看见王丙召，淡淡说了一句："回来了！"

"回来了。"王丙召有点手足无措。

女人没有更多的言语，烧火做饭，不大会儿工夫，一碗热腾腾的汤面摆在王丙召的面前。出门饺子进门面，一根根面条像一条条绳索，这条绵柔、细腻的绳索能把过往的牵绊和流浪的心一点点收回来，面条散发着故土的麦香，熨帖了胃，温暖了心。山东大汉再也抑制不住内心的波澜，号啕大哭一场。

"回来就好，回来就好！"老妻张汝英喃喃自语。

少年结发，中年劳燕分飞，晚年相依为命。1978年底，落实政策的王丙召携张汝英返回北京。这一年，王丙召重获人民英雄纪念碑浮雕《金田起义》的作者署名权，他的名字与人民英雄纪念碑之间隔得太久了，久到几乎被遗忘、被湮没。

1986年10月，张汝英去世，一周后，王丙召去世。两人骨灰合葬于山东青州何官镇张高村。起点亦是终点，无论生命还是爱情。

拨开层层荆棘，拜谒王丙召先生之墓。王培亭说："这不是荆棘，这是迎春花。"

迎春花色彩单一，是娇嫩无限的鹅黄，也是张扬至极的金黄，更是明媚纯粹的鲜黄。它不是一朵朵地次第开放，而是争先恐后、呼啦啦、齐刷刷地绽开，盛开的季节，离得近了，几乎能听到花瓣撑破花苞的声响。最是人间留不住，朱颜辞镜花辞树。那又怎样！迎春花才不去管它，它就是要不管不顾、飞蛾扑火般地盛开，在属于自己的季节里尽情舒展自己的美丽。凋零不怕，攀折亦不怕，是花便要开，这是花的宿命。哪怕璀璨过后归于平淡，绚烂过后迎来无常，哪怕生命是一场终点回到起点的圆舞，也要绽放，要有怒放的生命。

尘归尘土归土，长眠在大地母亲的怀抱里，早春、炎夏、凉秋、寒冬，一年年地深睡，坟茔上的迎春花啊，吹响春天的号角吧，为曾经怒放的生命而歌。

武昌起义（1911年10月10日）

临江仙·武昌起义

武昌首义长江水，曾经遍地英雄。
青山几度夕阳红。百年辛亥祭，敲响共和钟。
红楼逸梦黄金甲，却生秋菊凉风。
青梅煮酒月当空。东西南北中，谁孰解鸿蒙？

主创者　傅天仇
主雕者　杨志全

臨江僊　武昌起義

武昌首義長江水，曾經遍地英雄。青山幾度夕陽紅。百年辛亥祭，敲響共和鐘。

紅樓逸夢黃金甲，却生蘜菊涼風。青梅煮酒月當空。東西南北中，誰孰解鴻蒙。

歲在己亥年秋月書李玉詞於紉雨齋　徐紉

紉雨齋

第三章　首义之区，民国之门

9. 黄袍加身，红楼逸梦

生活中的一些偶然，其实是一种历史的必然。因为当历史大变局时针分针拨到某个时刻时，不是人撬动了地球，而是历史选择了人。

彼时，当我站在武昌红楼前，细细回顾那一段历史，不管黎元洪承认不承认，他被卷入大历史旋涡里，浮至波峰，跌到波谷，就是那个年代的大宿命，想躲也躲不开。

那天，红楼里的第一声枪响之际，他并没有意识到，再过几个小时，机会就会自己破门而入，大剌剌地闯到他的面前。

实际上，此机会也并非一夜而至，蔓延成燎原火舌的星星之火是从这一年的1月开始点燃的。

星星之火来自盛宣怀。这是一个红顶商人,但他与同样顶着这一称谓的胡雪岩截然不同,后者是想方设法挤入官场寻找靠山,而盛宣怀是由官而商,他的每一次下海,都是带着官方文件和财政资金。盛宣怀创造了11项“中国第一”:创办第一个民用股份制企业轮船招商局,创办第一个电报局中国电报总局,创办第一个内河小火轮公司,创办第一家银行中国通商银行,修建第一条铁路干线京汉铁路,创办第一个钢铁联合企业汉冶萍公司,创办第一所高等师范学堂南洋公学(今交通大学),创办第一个勘矿公司,创办第一座公共图书馆,创办第一所近代大学北洋大学堂(今天津大学),创办中国红十字会。其中的大部分企业都打着“官督商办”的旗号,国有资金以无息或低息贷款而不是股本金的形式输入,管理者因而可以充分利用官商两道的信息不对称从中获益。1916年,盛宣怀病逝于上海,生前的苦心经营化作身后的2000万两银子的遗产。

1911年的1月,是盛宣怀一生中最踌躇满志的高光时刻。他被提拔为邮传部大臣。5月,又跻身内阁大臣之列。内阁成立的第二天,“铁路国有”政策出台,这是盛宣怀力主的结果。

历史再向前翻几页,就能厘清盛宣怀倡导铁路国有的初衷,在他看来,这项政策无论是对当时的朝廷还是对自己麾下的盛氏企业都是极大的利好,在盛宣怀的人生考量里既有公也有私,国与家的排序,先是国,后才是家。

甲午中日战争之后,火车的种种好处国人日益知晓,清政府更是意识到了铁路在国防上的重要意义,随之而来的便是建设铁路的高潮。

修筑铁路需要大量的资金,但清政府国库空虚,拿不出多余的钱进行国家基础设施建设。光绪皇帝,这位曾经百日维新的帝王,在他力推的新政中支持民族资本的工商企业,同意由各省地方筹资建造铁路干线。一时之间,响应者众,全国陆续成立了广东潮汕铁路公司、湖南全省支路总公司、川汉铁路有限公司等。川汉铁路不借外债、不招外股,修建股份主要是靠"抽租之股"。《川汉铁路总公司集股章程》规定"收租在十石以上者,即抽谷三斗;一百石者,即抽谷三石;依次递加照算"。这条铁路与四川人民的利益紧紧地联系在一起。

川汉铁路原本募集了股本1400万两银子,其中700万两银子投入了铁路建设,余下的700万两中只有400万两还在账上,另外的300万两被公司一名经理挪用后炒股亏光了。管理层一筹莫展之际,"政府意欲将铁路收归国有"的政策让他们脑洞大开,于是向政府提出了1400万两银子的收购价。

清政府的意图是将川汉铁路款项换成国家铁路股票,也就是说,将铁路收归国有后,并不归还之前的资本投入。盛宣怀是一位能吏,更是一个精明的商人,各省自行建造铁路的利弊他看得一清二楚,最大的弊端是缺乏全盘规划,铁路干线进度不一,甚至连铁轨宽度都各不相同,不能有效形成一张高效运转的铁路网,另外地方政府因造路额外征税,也大大增加了民众负担。相较而言，其他有国外资本介入的铁路建设进展却十分迅速。彼时，清政府已经与英、美、德、法四国银行团签了川汉、粤汉铁路借款协议，只等路权收归国有就大兴土木。盛宣怀内心还有一笔账，筑路用的铁轨一半出自由他主掌的汉冶萍公司，铁路收归国有之后的大规模建设将蕴含着巨大的商机。对于川汉铁路的资金亏空，盛宣怀也是了如指掌，他以“铁路事业具有天然垄断性，本来就应该由政府来经营”为由，强势驳回了川汉铁路公司的收购价诉求书。

束手无策的川汉铁路管理层使出最后的撒手锏，打出了“反帝爱国”的口号，高喊：“政府将川汉铁路抵押给列强，就是卖国！”

火星引燃情绪，成为火苗，保路运动爆发。面对日渐失控的局面，清政府使出惯常的招数，血腥镇压，酿成“成都血案”，随后演变成保路会武装起义。四川局势告急。清政府从湖北急调2000余人精锐部队赶赴四川维稳。武昌城一时防卫空虚，湖北革命党人等来了千载难逢的机会。

武昌起义的第一枪打响了。究竟是谁打响的第一枪，直到现在依然被多方考证着。

1911年是辛亥年，那一年的空气中到处弥漫着革命的气息。人们对旧制度的耐心早已消磨殆尽，大革命的前夜又是格外的晦暗。孙中山先生在极度的愤懑中写下这样一段文字：“举目前途，众有忧色，询及将来计划，莫不唏嘘太息，相视无言。”武昌起义第一声枪响之际，孙先生正在美国为革命筹集善款。

武昌起义时间原定于辛亥年农历八月十五日，因准备不充分，决定延期十日。十八日下午,发生了一点意外状况,导致计划外泄,仓促间提前举事。

枪响了！这是正义的枪声。

这场看似突如其来的意外,其实黎元洪早已洞若观火。他少年时雄姿英发,考入天津北洋水师学堂,接受了五年正规、系统的现代军事教育,亲历甲午中日战争,也曾担任南京各炮台总教习,受张之洞所托助其编练湖北武汉新军,将自己淬火锻造为一位知兵爱兵的现代将军。

那一晚枪炮大作时,他将麾下的全体官佐召集到会议厅,防止他们发生哗变。然而,他也清楚这是势,不可挡,他隐隐预感到革命形势发展与自身将来之处境息息相关。他默不作声,心里却在翻江倒海。一封他写给好友的信记录了当时他真实的心境:“洪当武昌变起之时,所统各军,均已出防,空营独守,束手无策。党军驱逐瑞督出城后,即率队来洪营,合围搜索。洪换便衣匿室后,当被索执,责以大义。其时,枪炮环列,万一不从,立即身首异处,洪只得权为应允。吾师素知洪最谨厚,何敢仓促出此。虽任事数日,未敢轻动,盖不知究竟同志者若何,团体若何,事机若何;如轻易着手,恐至不可收拾……转增危殆!”

命运把“黄袍加身”的机会双手送到了他的面前。他是被机会垂青的人,在这个时间节点上,他是历史唯一的选项。

他对着镜子整好衣冠,挺胸抬头走出门去,他将入驻红墙红瓦的红楼,成为湖北军政府都督、大元帅。他步履坚定地走向他全新的人生角色。当然,他不知道不久之后,他还会在中华民国副总统、总统的宝座上起起落落。更无从想象多年之后,他隐退津门,在大寂寞中回忆这段人生登顶的经历,并写下他的心得,用八个字告诫他的后人:从事实业,勿问政治。

1912年1月1日,孙中山在南京宣誓就任中华民国临时大总统,宣告中华民国临时政府成立。黎元洪为副总统。

一个月后,2月12日,清帝发布退位诏书。至此,中国两千多年的帝制历史宣告终结。

从此,中国踉踉跄跄地走向共和。

10. 长江水,武昌鱼

黎元洪走远了,远得只剩下中小学历史课本里的一句话,一个名字。不过,这也足够了,也算得青史留名。改朝换代者,或帝,或王,载入史册且最终被人记住者不过寥若晨星。

走出红楼,旅途劳顿外加辘辘饥肠,脑际浮现一句毛主席的词:“才饮长沙水,又食武昌鱼。”荆楚文友亦对我说过,来武昌,必食武昌鱼,否则等于没有来过。

鱼端上来了。

“是我们的吗?”“是我们的吗?”除了我们在问,邻桌看上去也是夫妻样貌的一对也在问。夫妻相不是一蹴而就的,是日积月累的沉淀与相互渗透,才会你中有我我中有你。不论是欢喜还是冤家。

服务员看了一下手中的单子,是1号桌的。

“哦,我们不着急的,他们要是着急,就给他们上菜。”鹅蛋脸的女人眉宇间有隐约的英气,武昌口音里释放着对异乡人的善意。

“我们也不着急的。先来后到,这是规矩。先给他们上吧!”

这是一家有历史有故事又浸润了网红美食气质的餐馆。

透明的煮锅里,特制酱料与酸萝卜条打底,一条鲜活的武昌鱼横亘中间,虽已为刀俎下的鱼肉,鱼目依旧闪耀着珍珠的光芒,与西红柿之嫣红和玉米块之金黄辉映成趣,俊俏的服务生小哥现场开启一瓶纯净水,“咕嘟咕嘟”倒入锅中,“啪”的一声打着火,盖严锅盖大火炖煮,叮嘱道:“15分钟,开锅即食,先喝汤,一定要先喝汤!”

我们等待开锅的工夫,邻桌的女人已经有滋有味地喝起了鱼汤,男人给自己倒上了酒。

他家的女人滴酒不沾,我家是男人不胜酒力。话题从酒切入再好不过,无论滴酒不沾还是不胜酒力,酒只是一个媒介,哪怕千杯不醉,抑或小酌怡情。

他们是一对夫妻,彼此是同龄人,都生于1958年。

女人叫韩九香,是地道的湖北人。男人叫孟宪成,祖籍河南。1946年,孟宪成的孤儿父亲,背着烟箱,从河南沿着京汉铁路一路南下。

京汉铁路最初名为卢汉铁路，是甲午中日战争之后，清政府借款修筑的第一条铁路。1888年冬，李鸿章奏请修建天津至通州的铁路。慈禧太后下令军机大臣与各地方官员各抒己见，两广总督张之洞趁机提出了卢汉（卢沟桥至汉口）铁路计划。当时国库空虚，清政府每年只能拿出200万两银子，这点资金对庞大的工程无疑只是杯水车薪，但就是这杯水车薪也只拨付了一年就作罢。卢汉铁路修修停停，时断时续，进展缓慢。官督商办的路子走不通，彼时清政府的声誉、信用已然不能博取华商的信任，他们各怀观望之心，无人问津。在张之洞的主导下，铁路总公司成立，任命盛宣怀为督办大臣，统筹卢汉铁路的建设。1898年6月，清政府与比利时政府签订了为期30年的《卢汉铁路比国借款续订详细合同》和《卢汉铁路行车合同》。合同规定，筑路工程由比利时公司派人监造；所需材料除汉阳铁工厂可以供应外，都归比利时公司承办，并享受免税待遇。在30年借款期限内，一切行车管理权均归比利时公司掌握。这个借款筑路合同在本质上使中国完全丧失了铁路主权，为后来帝国主义者利用债款关系掠夺中国铁路权开了一个极为恶劣的先例。

1906年4月1日，全长约1214公里的卢汉铁路正式全线通车运行，更名为京汉铁路。京汉铁路全线贯通打破了以往武汉仅仅依赖水道、驿道的传统交通网络格局，迈入了火车、轮船客运齐发，东可至上海，西可达重庆，北可进京城的水陆连运时期，改变了武汉在近代中国经济布局中的地位。

作为督办大臣，督办京汉铁路筑造的经历，让盛宣怀看到了商机，为他日后点燃“铁路国有，借款筑路”之火扯了一条长长的引线。

京汉铁路在河南省境内一、二、三、四等站俱全，1946年，孟宪成的孤儿父亲，处处无家，处处为家，他背着烟箱，一路叫卖，半乞讨地离开了中原大地，来到汉口讨生活。铁路繁荣了汉口的商业与贸易，孟父头脑灵光，吃苦耐劳，把小烟箱铺成百货摊，成功扩成衣食无忧的杂食店。孟宪成的外公是汉江码头的工头，家有四个儿子一个女儿。孟宪成说，他外公有一双识人慧眼，把唯一的女儿、他的母亲托付给了来鄂求生存且站稳脚跟的他的父亲。

1958年，孟宪成出生，他上面有一个姐姐，下面有两个妹妹。身为孟家唯一的男丁，独霸了一家人的宠爱，尤其是外婆，对他特别好。

韩九香的父亲与孟宪成的外公相交多年，韩家有两男两女，韩九香是小女儿。孟韩两家是街坊，孟宪成、韩九香从小就认识。韩九香长着一双会说话的大眼睛，嘴巴尤其爽利，不但爱说话，更会说话。孟宪成身板单薄，稍显羸弱，更喜欢安安静静地倾听。

“是不是孟大哥不会甜言蜜语地哄你啊？”

韩九香莞尔一笑：“从认识他到现在，从来就没说过一句。”

“我都是听她说！”孟宪成看妻子韩九香的眼神里满是宠溺。

“郎骑竹马来，绕床弄青梅。同居长干里，两小无嫌猜。”韩九香与孟宪成有着太多共同的记忆，无论是身边的人与事，还是关于

“文化大革命”、知识青年到农村去、改革开放、下岗潮……他的记忆，她的印象，男孩的目光，女孩的视角，男人的深思，女人的感慨，合起来就是武汉弄堂的市民影像。

韩九香说，1981年，他们结婚的时候，她在二轻工业局做皮鞋，孟宪成在武汉纺织厂当技术工。1987年，女儿出生。从二人世界到三口之家，收入不变开销增大，两个人正手足无措地适应着，还没等调适过来，下岗潮开始了。夫妻俩一前一后下岗，日子困顿到了极点。孟宪成开起了餐馆，也曾日进斗金，只是好景不长，一场突如其来的大病让生意兴隆的餐馆关张歇业。有那么几年，家庭的重担靠韩九香一力支撑，她摆摊卖衣服、小百货，后来开蔬菜店、副食店，没有大利润，赚的是起早贪黑的辛苦钱，一分一毛，掰着手指头攒出了一家人的好日子。

吃苦受累的那段日子，被韩九香说得云淡风轻。她一边说着一边“咯咯”地笑着。“不知道怎么过来的，反正是过来了。现在回过头来再想想也不觉得那时候有多苦，光记着那时候觉不够睡，好像刚躺下，再一睁眼天就亮了。现在倒好，时间有了，反而睡不着了，在床上翻来覆去地等天亮。真的是老喽！”曾经美丽的女人轻叹一口气。“我们这一代人对‘国泰民安’的理解要比你们深刻得多。”

女儿长大了，大学毕业了，工作了，结婚生子了。2018年，韩九香、孟宪成前后脚过完了60岁生日。这对一动一静的夫妻组合开始享受生活，好动的韩九香会约着自己的老姐妹山南海北地去旅游,先从身边的近郊开始,足迹遍布两湖、两广和云贵。微信朋友圈留下了一张张祖国的大好河山与舞动的红丝巾。爱静的孟宪成则早睡早起,每天早上,他都会步行去首义广场健身,微信运动长期保持着日行1万步的运动量,给自己炒一碗叫花饭,在家门口的活动中心与老友下盘棋、打打牌。韩九香不出门的时候,老两口要么结伴去看看女儿和外孙,要么一起出来吃个饭。喝着长江水长大的武汉人,对武昌鱼亦有着天然的喜好。"才饮长沙水,又食武昌鱼。"在美食美味面前,伟人与平民百姓的口味并无太大差异。

饭毕,两家、四人继续闲谈漫步。辛亥革命博物馆与鄂军都督府之间就是首义广场。这便是孟宪成每日光顾的地方。冬日暖阳下,首义广场上空是一只只放飞自我的各色纸鸢,与广场上《走向共和》的雕塑群相互唱和。广场的地下通道里,一位流浪歌手在倾情演绎《追梦人》:"让青春吹动了你的长发让它牵引你的梦,不知不觉这城市的历史已记取了你的笑容……"

不远处的黄鹤楼,开元十八年的三月,盛唐最伟大的浪漫主义诗人曾在那里送别长他12岁的挚友。高耸的楼宇见证了两位大诗人之间脉脉流动的深情与厚谊,在我朴素的认知里,此楼等同于朋友的代名词。1000多年后的今天,作为武汉的过客,我也收获着旅途中的善意,与新结识的朋友在此拍照留念。

站在黄鹤楼上,看着繁忙的船只来来往往,不再是诗仙笔下孤帆与远影的时代。唯有长江没变,仍作天际流。

11. 国碑记忆:移情的艺术

那天,傅天仇伫立于九省通衢的武昌城里,想着唐人崔颢的那首七律《黄鹤楼》中的"晴川历历汉阳树,芳草萋萋鹦鹉洲"。远眺随大江东去的孤帆,楚山朦胧,绿树葱葱郁郁,耳边除了振翮冲天黄鹤之鸣,心底的感悟一定不会少吧。

如今,我站在长江边上的黄鹤楼上,叹昔人已乘黄鹤去,空余袅袅诗韵。

雕塑家说:移情是艺术之天性,雕塑有默化之本能,人们虽然以不同定义与词句解释艺术,然而移情的雕塑在各国都有出现。它们以艺术移情,给观者留下了深刻的印象。

初见"移情"一词是在报名参加心理咨询师考试后日夜学习备考之时。"移情"作为名词解释闯入了我的眼帘。既然有移情?是否也有别恋呢?厚厚一本书啃下来了,只见移情,未见别恋。"移情"是心理咨询师能够感受咨询者感受的能力之一,也是一种心理分析的技术和产生心理分析治愈效果的重要条件。

这一次,"移情"一词出现在了雕塑家的专著里。

这位雕塑家叫傅天仇,是人民英雄纪念碑浮雕《武昌起义》的主创作者。

此刻,我站在武昌辛亥革命博物馆入口处,随着人流向前缓慢蠕动,等待参观。这趟"人民英雄纪念碑寻访之旅",以纪念碑四面浮雕为内容，八块浮雕，八个典型的历史场景，1840年以来的八大历史节点：虎门销烟、金田起义、武昌起义……武昌是我此行的第三站。

1958年落成的人民英雄纪念碑，2018年刚过完60岁生日。出于保护浮雕，以使其更好地对抗时间的侵蚀，公众早已不能近身登临纪念碑，更不用说亲手触摸了。在鸦片战争博物馆和金田起义纪念馆里分别有人民英雄纪念碑《虎门销烟》和《金田起义》浮雕的复制版，让我得以在参观的过程中，近距离地端详、察看，但在武昌，无论是辛亥革命博物馆还是鄂军都督府，一圈参观下来，雕塑不少，却均未看到人民英雄纪念碑《武昌起义》浮雕的复制版，内心不免有些许遗憾。

如果浮雕的作者傅天仇先生知道这个消息会是什么表情呢？设想一下，情形会不会是这样的：当得知人民英雄纪念碑的浮雕被很好地保护时，他的脸上一定会有欣慰的笑容；当听到大多数人只能通过图片、影像资料间接地欣赏他的作品时，他的笑容一定就会消退了吧，会不会一声叹息呢，我们不得而知。1990年8月，70岁的傅先生往生，让我们永远失去了问询求证的机会。

傅先生远去之时将他的雕塑作品与艺术理论图书遗落人间，如同留下了一扇门，让后人得以入内一探究竟。书桌上一本墨绿色书皮的书，那是傅天仇的《移情的艺术：中国雕塑初探》。于我而言，阅读这本书，就是打开了一扇通往傅氏秘密花园的角门。

傅天仇出生在广东南海的一个农民家庭，贫苦的家庭没有给予他先天优渥的条件,也没有为他创造更多接触艺术的机缘,即便如此,天赋异禀的傅天仇依然凭着非同一般的艺术感觉考入了桂林美术专科学校国画系,出色的表现吸引了时任校长的著名金石书画家马万里的关注,遂被推荐给来校授课的徐悲鸿。毕业后,傅天仇追随徐悲鸿先生进入国立中央大学艺术系继续深造,后转入国立艺术专科学校雕塑系学习雕塑。从绘画到雕塑,天才少年一步步成长为成熟的艺术家。

谁言寸草心,报得三春晖。1973年,重建徐悲鸿纪念馆时,徐悲鸿夫人廖静文亲自出面邀请傅天仇为徐先生创作纪念雕像。徐悲鸿的一生中,除了进行艺术创作之外,大部分时间都致力于美术教育事业,不遗余力地发掘人才,并予以栽培与提携。傅天仇把对恩师的尊崇与敬重化为一尊半身胸像:宽宽的额头,蓬松的头发,厚厚的眉毛,舒展的眉宇,含笑的嘴角,表情惟妙惟肖。徐先生临风而立,眼神肃穆平和,若有所思,对于新中国的美术教育和艺术理论的探索,一天都没有停止过。这一点,曾经近身跟随老师工作的傅天仇是再清楚不过的。

傅天仇在《移情的艺术:中国雕塑初探》序言中这样写道:“雕塑的语言”是移情的船车,它使观众明白作者的意图,雕塑的形象、表情、动势、神采与情节,都是构成语言的要素,形象、造型、体量是雕塑语言的技巧。

徐悲鸿先生的半身胸像,就是傅天仇雕塑语言移情的载体,任何一个有幸目睹这尊作品的观者,都能从中体会雕塑家澎湃热烈的情感。而安放这份炙热情感最具代表性的作品，当属开始于1952年的、傅天仇参与创作的人民英雄纪念碑浮雕《武昌起义》。这段心路历程，他完整地记录进了《移情的艺术：中国雕塑初探》一书。

武昌是辛亥革命的首义地。这幅浮雕最初被定名为“辛亥革命”，主创人员为画家董希文、雕塑家傅天仇。

实事求是地说，人民英雄纪念碑是集体创作的产物，这个群体的工作机制是：集体讨论研究，分工负责塑造，集体评价得失，个人负责修改完善。从1952年吹响集结号到1958年竣工，历时数年，在此期间，主题不断调整深化，构图不断变化修改，人物不时增减，形象不断推敲。人民英雄纪念碑原本坐北向南，最终方向确定为坐南向北，“辛亥革命”浮雕的位置随着纪念碑主立面的变化而变化，调整到了南面，被正式定名为“武昌起义”。

采用什么样的艺术形式来反映这一重大历史内容？这是摆在董希文、傅天仇两位主创面前的核心问题、关键问题。

在写作本书之初，在查阅人民英雄纪念碑每一幅浮雕的案头资料时，我发现了一个共同的规律，即一般来说，每一幅浮雕都有两名主创人员，一位画家，一位雕塑家。画家出画稿，雕塑家做泥塑小稿。但从现存的资料来看，画稿、泥塑小稿与最终呈现在人民英雄纪念碑上的汉白玉浮雕均有很大的不同。傅天仇这样记录道：“在创作过程中，我吸收了各种意见，对方案进行了反复修改，在艺术上做了多方面的试探。”

一场史无前例的辛亥革命，值得歌颂的人成千上万，孙中山先生、打响第一枪的勇士、前赴后继历史留名或无名的普通士兵……这些人，有一个共同的名字：革命者。然而，作为造型艺术的浮雕却不能一一将其表现。

没有在辛亥革命博物馆、鄂军都督府看到人民英雄纪念碑《武昌起义》浮雕的复制版，我只能在书桌前凝神阅读案头的图书、画册，即便如此，《武昌起义》浮雕以“动势表现内心”的“动”依然能够跳出纸张，鼓胀、填充我的眼球。这一技法，傅天仇借鉴的是汉代砖石画，源于他多年前的实地野外考察、写生经验的积累。

《武昌起义》浮雕的构图强调“攻击”，在纵深方面分为三个层次，构成半圆形的浮起。在人物的布局上，14个人物分为前后两组。前面那组浮雕的第2、3、6三个人物，他们的枪尖方向一致，构成一条平行的冲刺横线，其中两一个人正在张口呼喊，冲杀的声浪振聋发聩。后面那组的构图形似爆炸物的放射线：以左下角为爆炸的核心，构成放射线的半扇形，总构图的后部似爆炸，前部似尖锥，视野传达的攻击感强烈。前后两组，各自独立，又以帽子构成波浪形，遥遥呼应。第1、4、6、9与最后的人物之间构成前排波浪起伏线的高点，动感十足。浮雕除了人物可圈可点之外，景物的象征性处理得更为到位。黄鹤楼象征起义的地点武昌，大炮、石狮与牢固的大门隐喻清政府。画面中，大炮失去作用，石狮成为陪衬，“湖广总督部堂”的牌匾被刀劈火烧。清朝龙旗被起义军踩在脚下，皇朝覆灭已成定局。留白处被“火焰”图案占据，革命燃起熊熊烈焰,旧世界必将被这场大火摧枯拉朽。

这是一场战斗,一场正在进行中的战斗,这不是战斗前静默蛰伏的准备,这不是战斗结束后的群情激昂与欢庆胜利。傅天仇在用他的雕塑语言告诉今天的人们:革命尚未成功,同志仍需努力!

五四运动（1919年5月4日）

少年游·五四运动

巴黎和会五湖风，四海敌仇同。誓死力争，还归青岛，文化启迷蒙。
赵家楼前明事理，学子羽渐丰。民主科学，救亡爱国，看水复山重。

主创者　滑田友
主雕者　刘秉杰

少年游 五四運動

巴黎和會五湖風四海敵仇同誓死力爭還歸

青島文化啓迷蒙趙家樓前明事理學子

羽漸豐民主科學救亡愛國看水復山重

歲在己亥年秋月書李玉梅詞於京華

翂雨齋 徐翂

翂雨齋

第四章　新青年，新旗手

12. 红楼卷起五月的风

离黄河口的家已经很远了，前方，五月的风，从旷野从城郭从巷道的缝隙钻了出来，有咸咸的味道，显然离海不远了。

车沿着山东路走走停停，红绿灯在疏导交通的同时也随机制造着拥堵。行进在这样的路上，会对事物发展“波浪式前进、螺旋式上升”更有一番真切的体会。离目的地越来越近，嗅觉比视觉更早感知到了，空气中有了大海的味道。

这里是青岛，今天的目的地是五四广场，我们要去寻访“五月的风”。

《五月的风》就在前方，鲜血般嫣红，像一支熊熊燃烧的火把。海风撩拨我额前的发丝，起风了？不，不是起风了，而是风从来就没有停止过。

1916年12月26日，雄踞总统之位半年之后的黎元洪签发了一个足以影响20世纪中国历史的人事任命，任命蔡元培为北京大学校长。此前，这个1894年就升补翰林院编修的浙江人，曾拒绝浙江省督军的提议，但这一次，他没有丝毫的推辞。1917年1月4日，蔡元培走马上任。

蔡校长上任9天后，1月13日，由他力荐的陈独秀拿到了北京政府教育总长范源濂签发的任命书：兹派陈独秀为北京大学文科学长。

陈独秀，也许他的另一个"名字"更被人熟知，《新青年》。他吹响中国思想解放运动的号角，《新青年》初名《青年杂志》，第二卷第一号改名为《新青年》，陈独秀第一卷第一号的半数文章都出自他手笔，他还是唯一的编辑，且编辑部就设在他自己的住所里。100多年后的今天，因为书写《国碑》一书，史海钩沉，在浩瀚的记载里，我借由文字一步步接近这位早已隐匿在历史长河中的"新青年"，因为自身有18年电视记者和6年杂志编辑的经历，我要比大多数人更能了解《敬告青年》《法兰西人与近世文明》《妇人观》《现代文明史》《国外大事记》《国内大事记》《通信》《社告》这一系列文章和栏目的整理、撰写、辑录意味着多大的工作量，一个人，仅凭一己之力要完成这一切要承受多大的压力。他该是一个激情澎湃的人，一个内心无比笃定的人，一个精力旺盛的人，是一个才子，更是一位名士，然而这位思想者的晚景却着实悲凉困顿，但他的言行依然显现着普通人无法企及、难以逾越的精神高度。他是有良知的思想者，不自欺，更不欺人。在这些面前，他的狷介，他的极端，他的偏执，他的退缩出走，他的遗世独立，似乎都可以忽略不计。

陈独秀的到来，让北大学子得以一睹这位他们仰慕已久却从未得见的青年思想者之风采。陈先生不开课，专心致力于北大的文科改革，他的伯乐蔡先生亲授尚方宝剑“北大的整顿，自文科起”。彼时，提倡新文化运动的知名人士云集于此，刘半农来了，胡适来了，李大钊来了，再加上此前已在北大任教的钱玄同、沈尹默，北大新派联盟初步组成。

美国教育学者约翰·杜威在评价蔡元培时说了这样一段话：拿世界各国的大学校长来比较一下，牛津、剑桥、巴黎、柏林、哈佛、哥伦比亚等，这些校长中，在某些学科上有卓越贡献的，固不乏其人；但是以一个校长身份，而能领导那所大学对一个民族、一个时代起到转折作用的，除蔡元培外，恐怕找不出第二个。

约翰·杜威之所以盛赞蔡元培是独一无二的校长，更多的是因为他的教育理念以及他所提倡的“思想自由，兼容并包”之北大精神。全中国最有生气、最有才华的青年知识分子集中于此，任何思潮都可以在北大校园里自由地传播，这里不仅仅有新文化运动派，与他们针锋相对的保皇党、守旧派、复古论者等在这里都有各自的拥趸与存在的土壤，1919年的北京大学，营造着一种令人难以想象的思想生活。新与旧之间互相攻讦，势同水火，各个学派之间互相指摘，各不相让。北大学子们就在这样的氛围中，启心明志，在纷繁复杂的形势中锤炼独立判断之能力，成为新文化运动引领下的具有“自由之思想，独立之精神”的一代新青年。一个群体在走上舞台之前，历史总是会在不经意间为他们搭桥铺路，这一切铺垫只为了那年，那月，那一天。

巴黎和会中国外交完全失败的消息是由梁启超在第一时间发回国内的。原本已经与政治渐行渐远的梁启超是1918年底前往欧洲参加巴黎和会的。1919年，他再次站在政治舞台的中央，完成了历史交由他的使命。5月2日，梁启超的电文在上海《申报》发表：

> 对德国事，闻将以青岛直接交还，因日使力争，结果英、法为所动。吾若认此，不啻加绳自缚。请警告政府及国民，严责全权，万勿署名，以示决心。

电文一出，舆论哗然，国人大惊。

5月3日，一种情绪开始在北京各个阶层中酝酿，从学界到商界，从政界到军界，每个人都在思考巴黎和会关于山东青岛问题决议的强盗逻辑。是因为自古弱国无外交？难道公理也无法战胜强权？国家与国家之间，没有真正的朋友，只有永恒的利益。为了利益，公理也能枉顾，也会成为利益制衡的筹码。

这一夜，北京大学那座通体用红砖砌筑，红瓦铺顶的红楼，灯火彻夜长明，到处都是学生，他们准备好了，将高举火把走上已经为他们搭就的舞台。人民英雄纪念碑的《五四运动》浮雕将他们永远定格在那天，那月，那一年。振聋发聩的演讲，商人、工人、农民、学生，紧挽的手臂将他们串在一起。传单，承载着新文化、新思想的传单，迅速分发出去，不多时，它们就以铺天盖地之势漫卷京畿、撒向全国，传递到每一个中国人的心间！

誓死力争，还我青岛！收回山东权利！

拒绝在“巴黎和约”上签字！废除“二十一条”！

抵制日货！宁肯玉碎，勿为瓦全！

外争主权，内除国贼！

微风拂过，恍惚间觉得《五月的风》在迎风燃烧，不对，那只是我的错觉而已，这是100年后的青岛，五四广场，《五月的风》高30米，直径27米，是一尊近700吨的巨型雕塑，它岿然不动，屹立在大海之滨。不，那不是我的错觉，《五月的风》就是在燃烧，就像五四精神一样，燃烧，燃烧，从未熄灭，也不会熄灭。

13. 东风与西风

玄同，看来我就要走了，谢谢你和蔡先生和仲甫，对我的关怀和照顾。人之将死，其言也善。我是过来人。在中国，研究社会主义和无政府主义，我是最早的人。仲甫的《文学革命论》和你的文化观点，远比胡适的《文学改良刍议》激进多了。仲甫和你几乎否定了汉赋、唐诗、宋词在内全部古代文学……谁若提倡研究和整理国故，你们就不分青红皂白，一律打成复辟派，加以攻击。我以为，这种偏激如不纠正，只能造成民族虚无主义和传统文化的断页……你们的问题在于，只提倡了从全局上引进西方先进文化，而忽视了引进西方文化必须进行的消化，必须符合中国的实情。你们太情绪化了，连营垒中有不同意见也不允许。在这方面胡适是对的，我死后，相信20年后，必将兴起一个国学研究的高潮……

说这番话的人叫刘师培，他口中的“玄同”乃钱玄同。前者是国粹派的首领，后者是引领新文化运动的“三驾马车”之一。

秉持“欲使中国不亡，欲使中国民族为20世纪文明之民族，必以废孔学、灭道教为根本之解决，而废记载孔门学说及道教妖言之汉文，尤为根本解决之根本解决”主张的钱玄同，在面对刘师培的遗言时，不由得陷入深深的思索。陈独秀“以欧化为是”，鲁迅“拿来主义”，胡适“输入学理”……新文化运动的急先锋们，为批判中国旧文化提供十八般武器，摇旗呐喊，赤膊上阵，从思想上砸烂了旧世界。然而，新世界果真建立了吗？

1919年的文化国门四敞大开，马克思主义、康德主义、尼采超人哲学、托尔斯泰泛劳动主义等思潮呼啦啦地涌入，占据了高地。西风烈啊。“五四”是西风劲吹的第一个时期，半个多世纪之后的80年代，改革开放之后，禁锢的国门再次洞开，这次进来的是博尔赫斯、卡夫卡、福克纳、萨特、伏尔泰、弗洛伊德……那个时代中国知名作家的作品，多带有模仿与学习的痕迹。等到这一拨中国作家有所察觉，如梦方醒的时候，这种思维几乎已经根深蒂固。西风更烈了。

刘师培预言的“国学研究的高潮”姗姗来迟，终于在21世纪初叶渐显端倪，遂将中国置身于百年难遇之大变局。如何将优秀传统文化中具有当代价值和世界意义的文化精髓提炼、展示出来，内化外显“文化自信”成为摆在今人面前的一大考验。

西方的崛起始于15世纪，由哥伦布、达·伽马、麦哲伦等开启的大航海时代吹响了西方500年崛起历程的号角，进而导致了划时代的工业技术革命。从欧洲出发面向全球的航线，逐渐将地球的格局从平面变成立体，第一次清晰勾勒出圆形世界的轮廓。新航路开辟，世界开始连为一个整体，第一次工业革命后，东方逐渐落后于西方。彼时的中国还是一个以农业经济为主的国家，一种自给自足模式的生存状态。直到外敌入侵，人们才不得不睁开眼睛看世界。

15世纪后的数百年时间里，西方文明对东方文明一直保持全面优势，从西班牙崛起到日不落的大英帝国建立，欧洲撬开神秘东方的大门，西方文明可谓一路所向披靡。洋枪洋炮对斧钺刀叉，热武器对冷兵器，屈辱与惨败是毫无悬念的必然结果。这就是近代中国的真相。

千疮百孔，只有招架之功毫无还手之力的中国，为何会成为法兰西第一帝国皇帝拿破仑口中的“睡狮”，这个遭遇滑铁卢，沦为阶下囚，被关押在圣赫勒拿岛的法国小巨人，这样评价遥远的东方大国，“中国是沉睡的巨人，更是一头睡梦中的雄狮”，言外之意就是警告那些觊觎者：嘘！别吵醒他。

中国醒来了，在踉跄中前行，甚至在许多的历史拐点处，不惜壮士断腕，刮骨疗毒，不断地剔除自身的腐肉，挑破溃烂的脓包，才得以健康向前，偶有停滞，复又继续向前。

中国的崛起，选择了一条和西方完全不同的道路，用70年的时间实现了十亿级别以上人口规模的工业化，独创了中国模式、中国方案，从红色中国一步步走向人类命运共同体。

中国之沧桑巨变，并非“中学为体，西学为用”结出的硕果，中华人民共和国成立70年，前30年受苏俄影响，后40年学习欧美，但文化底色依然是儒家学说，这才是中国文化的深层结构。自2012年以来，作为文化自信的一部分，对传统文化的重视就在修复当中，“我将无我，不负人民”更是中国“民本”思想自古以来的一脉相承。中国传统上看重民生改善，看重是否能让老百姓过好日子，将人民对美好生活的向往视为奋斗目标，以这个目标为起点，而后谋划整个民族的伟大复兴，或曰：中国梦。

17世纪，法国人弗朗索瓦翻译了《论语》，书中蕴含的思想在欧洲大陆激荡久远，甚至影响了伏尔泰等人，为法国的启蒙运动提供了思想启迪。如今，这本书回到了中国。这是一份珍贵的礼物，我们会好好珍藏。

14. 国碑记忆：中西合璧，兼收并蓄

那天滑田友在红楼前写生时，一定是听到了火烧赵家楼的喧嚣与欢呼。时代并未走远，才隔了百年的时光，可是在那个年代，只要你是青年人，都会自觉不自觉地被时代的洪流卷入其中。

当滑田友被一纸调令调到人民英雄纪念碑美工组时，他是心甘情愿接受这一光荣而又艰巨的任务的。

他们在很小声地议论，虽然刻意压低了嗓音，但滑田友还是听见了。

诚如他们所说，人民英雄纪念碑的雕塑家大多是从法国留学归来的，尤其是滑田友，在法国一待就是十几年。这些雕塑家，每一个都深谙欧洲写实雕塑的规律。滑田友也知道他们在担心什么，他们担心人民英雄纪念碑的浮雕创作会被处理成对欧洲纪念碑雕塑的简单模仿与照抄照搬。

北京的夏夜，燠热难挨。摇一把折扇，闲庭信步，远处隐约有

打夯的声音,煤气灯将工地上照得亮如白昼。这样的质疑,滑田友已经不是第一次听到了,怎么说呢,他觉得他们的担心完全是多余的。

“中西雕塑艺术比较研究”是当年在法国留学的艺术家们日常讨论的重要话题之一,滑田友、王临乙、曾竹韶、刘开渠……周末、假日,他们一众人经常欢聚在常书鸿家,谈今论古,谈中论西,中国留法艺术学会就是在常书鸿家中成立的。一次,滑田友的一番见解博得了大家的齐声喝彩,回到住处,凭着记忆,滑田友把自己闲谈的话完整地记录了下来。“西洋雕塑做一个东西找大轮廓,找大的面,一步步深入细部,再把细部与整体结合,做出来的比例,解剖正确,写实功夫可以达到惟妙惟肖,栩栩如生,是好处。而中国的绘画与雕塑简练,首先是大的线、面,其中气势贯联,自有结合,不是照摹对象依样画葫芦,而是找它的规律,风格鲜明,看起来印象深刻,触目难忘。但有时缺乏解剖上的研究,所以西洋雕塑中的优点完全可以吸收运用到东方雕塑中来。至于雕塑艺术语言,现代西洋雕塑同样吸收了中国的艺术形式和表现手法,中国传统艺术形式的精髓在神似,这一点,西洋雕塑只学到了表面,为形式而形式,中西方艺术固然有差异,但相互的融合、学习与借鉴,从未停止过。我的雕塑艺术观就是古为今用,洋为中用,在坚守中华传统技艺的基础上海纳百川、兼收并蓄。”

20来年后,当《五四运动》浮雕的创作任务分派给滑田友,他在研读那场新文化运动兴起与始末的资料时,不禁回忆起自己在法国度过的日与夜。新文化运动的急先锋要么是东渡，要么是西归，同时又无一例外有良好的传统国学功底，在20世纪初，他们同仇敌忾，向旧文化宣战。新文化引领下的新青年，明心见性，民智开启后西风漫卷。要如何看待“旧”？要如何表现“新”？滑田友在内心发出了一遍又一遍的诘问。

滑田友是江苏淮阴人，用滑田友自己的话形容，家境“素寒”。少时曾在镇上读私塾，辛亥革命后的第二年进入新式小学读书，后考入江苏省第六师范。毕业后，先后在宿迁县第一小学和高邮县第一小学任教。校园是净土一片，教学之余，滑田友数年坚持执笔作画，每逢假期，还要到上海新华艺专暑假学校研习素描。

1930年冬，自诩“祖传木工”的滑田友，闲暇之余用木头给儿子刻了一只木兔当玩具，木兔栩栩如生，灵动有余。儿子爱不释手，连睡觉都抱在怀里。看着无忧无虑玩耍的儿子，一时兴起的滑田友，拿起画笔在纸上捕捉儿子天真烂漫的眉眼。寂静深夜里，他趁家人熟睡之际，找来木料，就着昏黄的灯光，用刻刀一点点把儿子的样子雕刻出来。耗时三日方才刻成，样貌、神情与儿子相差无几，家人都觉得非常神奇，甚至连滑田友自己都不敢相信。

新学期伊始，滑田友将儿子的木像摆在自己的办公桌上，引得一众同事啧啧称奇，纷纷围拢上前，争相近观端详。其中一个老师建议道：“田友，你应该把这个木雕作品拍成照片寄往北平或者杭州，请教一下名家。”彼时的滑田友内心原本有一簇小火苗，同事们的认可与鼓励又给他增加了几分勇气。于是,他打定主意拍了两张照片寄给了徐悲鸿先生,附信一封,言辞恳切地征询能不能当他的学生。不久,徐悲鸿亲笔回信,言道:“当下中国恐怕还没有人能刻出这样的雕像,你不必进中央大学,我愿与你做朋友,把你送到法国去学雕塑,并希望你春假到南京来相见。”

1932年,滑田友的家乡匪乱横行,家人不幸被掳,妻子不堪受辱自杀身亡,爱子因病夭折,空余一尊木像。正在此时,经徐悲鸿的鼎力相助,滑田友得以奔赴法国研究雕塑。到法国后,滑田友先是师从著名雕塑家布夏。布夏是法国学院派代表之一。滑田友在跟随导师学习的同时,一有时间就去寻访各大博物馆,潜心观察,每有心得、感悟,马上在自己的雕塑作品上进行试验,将从布夏那里习得的现代艺人之秘要和往日在国内修习的传统技艺比较融合。布夏对滑田友这个学生极尽包容,他在滑田友的每日习作中看到了自己的中国学生惊人的艺术才华。当有人对滑田友的作品提出异议时,布夏总会站在滑田友一边,不但不责备,反而褒奖有加。入学的第二年,在巴黎国立高等美术学院的考试中,滑田友雕塑、素描两科成绩均为第一名。

风平浪静的一年过去了,1933年春天的一天,国内的家书辗转寄达法国,父亲去世了。看一下日期,已然几月有余,想来坟头土已经干了,说不定已经长出了青草。正在思忖是否要归国时,徐悲鸿先生前来辞行,给滑田友留下2000法郎旅费。滑田友思虑再三,毅然决定继续留在法国学习。1933年的法国正值经济不景气，失业工人有几百万人之多，外国人想在法国谋生等同于空想。不能开源，遂只能截流，无奈之下的滑田友极端节省，把生活常需之资降至最低，即便如此，只有支出项，不见收入项，旅费很快便消耗殆尽，随时面临冻馁之虞。生活困顿之时，偶然的机缘让他结识了在法国学习音乐的冼星海，两个人相见恨晚，异国友情于山穷水尽之时弥足珍贵。生性刻苦坚毅的冼星海就到中国饭店里拉小提琴献艺，将每晚赚得的20法郎分一半给滑田友。1935年，冼星海回国，十年后病逝于莫斯科。每每忆及与冼星海交往的点滴，滑田友都会泪下沾襟。

1935年秋，生活朝不保夕的滑田友枯瘦萎靡，身体极度营养不良，虚弱得几乎不能自持，终于晕倒在了路边，被巴黎警察发现后送到医院，休养了20多天才见好转。躺在病床上的滑田友认真思索着自己未来的出路，这一病成为他留法生涯中否极泰来的转折点。

在未出院的时候，巴黎国立高等美术学院的老师马谢来先生亲自到中国领事馆，代表学校出面去替滑田友寻求特别帮助，为滑田友争取到了每月200法郎的补贴，可保他衣食无虞，不必再为一日三餐发愁了。生活的后顾之忧解决后，滑田友又申请到在里昂学院学习、创作的机会，三个月即完成两件雕塑作品，在导师尼克罗斯的鼓励下参加了1936年的巴黎春季艺术沙龙，获得铜质奖章。

七七事变之后，担任中国留法艺术学会秘书的滑田友组织举办义展和募捐，将所得捐助款物支援抗日。同时，滑田友开始创作《轰炸》《轰炸后》《南京屠杀》《日人暴行》等系列雕塑作品。作品完成，浇完石膏几天后，德国人就入侵了巴黎。滑田友将《轰炸》《轰炸后》以及德军入侵法国时做的反战作品《动员》《受伤》《逃难》等藏了起来，他相信正义终究能够战胜邪恶，胜利之日一定会到来。

在德国法西斯的统治下，滑田友埋头研究雕塑基本技术，规避政治题材，只做一些爱情题材的作品。1941年夏天，作品《出浴》荣获巴黎艺术沙龙银质奖章。1943年春天，作品《沉思》在巴黎春季艺术沙龙获得金奖。《沉思》获金奖的消息传来，素描师马谢来先生诚恳地对滑田友说了一番话，他说："你的技术到此时已经达到学院派高峰，外国人在巴黎得金奖的，只有30年前的一个瑞典人，那个雕塑家归国后马上就做了该国的院士，今天你年轻有为，前途远大，此后应将作品一一试送其他各大沙龙陈列，看看他们的评价如何，然后再抉择一派，忠实从事，决不可拘于一隅。"

友人的规劝让滑田友若有所思，走在春风浩荡的大街上，新柳吐绿，春光乍泄。他心中暗自思忖，十几年来历尽辛苦，能自持不堕，是因为心里常常感怀悲鸿先生和许多无私提携自己的先生，如果没有他们的扶持，断不会有今日之自己；还有那已经逝去的双亲，虽然家境贫苦，但他们依然省吃俭用让自己进私塾开蒙，幼年曾经读过的经史子集是支持自己在异国他乡艰难度日的精神食粮，不但能帮助自己解除苦闷，而且在雕塑研究方式和手段上也助力不少。

也许，我该换一个老师求教了？在路的拐弯处，滑田友下定了决心。

滑田友的新导师是罗丹的门徒德士比欧。彼时，德士比欧先生已经76岁，仰慕者众多，多数为各地游学学生，其中又以初学者居多，对德士比欧先生的艺术指导不甚理解，学生与导师形不成对谈之势，往往是老师口若悬河，学生听得一头雾水。久而久之，德士比欧便不愿再进学生的研究室。但是，当德士比欧看到滑田友的作品时，赞不绝口，遂拉住滑田友畅聊一番。自此，每次到工作室，必定先查看滑田友的作品，离开时还要叮嘱滑田友一番。多年之后，滑田友回忆起师从德士比欧先生的经历，虽然只有短短的两年时间，但是获益匪浅，受用终身。

第二次世界大战落幕，法国人民从德国法西斯的镣铐中解放出来，和平与宁静重新回到这片充满艺术气息的土地上，滑田友也开始有机会重新遍访名家，威纳亥格、纪蒙、夏尼俄、波阿宋……这些名动一时的大艺术家像一块块磁石，吸引着滑田友去一一拜访。滑田友曾经把他与纪蒙的见面经历分享给中国留法艺术家学会的好友们。纪蒙给滑田友的感觉极为特别，那是位对中国艺术情有独钟的艺术家，在与滑田友畅聊的过程中，他对中国艺术赞不绝口。滑田友细细揣摩之后，方明白纪蒙推崇备至的是中国书法——流动的线条艺术。在纪蒙的作品中，滑田友也看到了这位艺术家的生动实践。这一点对滑田友启发至深。

1946年，滑田友在雕塑艺术上重新出发，开始以中国艺术的

“气韵生动”之法制作雕塑。他将之前的《轰炸》作品放大，陈列在赛吕舍博博物馆展览。开放的那天，观众摩肩接踵，争相观看。《轰炸》最终被陈列在法国国立现代艺术美术馆中。1946年《农夫》在巴黎国立高等美术学院展览。1947年《母爱》被巴黎市政府收藏。滑田友成为名噪法国的中国艺术家。

1948年，滑田友旅法归来，徐悲鸿为他在北平、南京举行了“滑田友雕塑展”。一件件作品，中西合璧，熔铸古今，既体现了西方雕刻的精神，又充满中国文化之神韵。滑田友雕塑展轰动了中国美术界。

月上中天，喧闹的工地逐渐停止了鼾声，该入睡了。滑田友打定主意，在他的纪念碑浮雕《五四运动》中，他将注重气韵，以生动为至高追求，强化线的造型，着重形的概括和简化，用人物的衣纹褶皱表达动感，再一次将西洋雕塑的严谨与中国雕塑的写意完美结合。

一弯新月天如水。无所谓东与西、新与旧、传统与现代，不过就是一个平衡点。五四之火过于炽烈，凡激进通常会失之理性，50年，100年，平衡点会自行浮出水面。历史终有结论。

五卅运动（1925年5月30日）

浪淘沙令·五卅运动

大革命鸿蒙，风起云中。申城五月雨濛濛。劳苦一心青史重，声震苍穹。
彩练夜空红，赤色工农。沪惊五卅鬼神工。唯愿明年花更好，山水从容。

主创者　王临乙
主雕者　曹学静

浪淘沙令五卅運動

大革命鴻蒙風起雲中申城五月雨濛〻勞
苦一心青史重聲震蒼穹彩練夜空紅赤色
工農滬驚五卅鬼神工唯愿明年花更好山
水縱容

歲在己亥年秋月書李玉梅詞於
京華翊雨齋 徐翊

翊雨齋

第五章　中国大革命高潮的序幕

15. 一个接线生之死

像往常一样，唐良生辞别家人去上班，他是英商上海华洋德律风公司西区电话交换所的接线生。

1876年，电话由美籍英国人贝尔发明，而电话在上海的应用只比电话诞生迟了一年。1877年，上海轮船招商局从海外买了一台单线双向通话机，拉起了从外滩到十六铺码头的电话线，这是上海出现的第一部电话。1882年2月21日，大北电报公司在外滩7号公司内设置电话交换所，开通公共租界与法租界用户25家，每户话机年租费150元大洋，并装有一部公用电话。这是电话发明六年后，上海第一个经营性的电话交换所。"东西遥隔语言通，此器名称德律风。沪上巨商装设广，及如面话一堂中。"租界电话用户很快便逾千户。

1907年2月，清政府邮传部电政总局以1902年的商办电话为基础，在上海南市东门外新码头里街设立上海电话局，租民房三间，作为局房，共有员工19人，开业时有用户97家，打破了自1882年以来一直由外商垄断上海电话通信业的局面。上海电话局与英商上海华洋德律风公司协商，希望华界电话与租界并线，租界即以话费收入分配不合理拒绝了这一提议。刚刚起步的民族企业被外商频繁打压，生存空间狭小，几乎没有什么竞争力。

唐良生是受过新式教育的，英商上海华洋德律风公司招聘接线生的条件算得上严苛而又挑剔，不仅仅要会讲中文，英文也要灵光。作为接线生，并不知道当铃声响起时，隔着长长的电话线，看不见摸不着的那个来电人是男是女，是中国人还是外国人。

曾经看到一张老照片，是英商上海华洋德律风公司的中国接线生工作的场景。他们面壁而坐，脑后垂着长长的辫子，是清一色的年轻人，每一个都腰板挺得笔直。他们的面前是接线台，每个人对面的墙上都贴满了密密麻麻的电话号码。在他们的身后，有几个外国监管，这群背影里有22岁的唐良生吗？

走在上班路上的唐良生，远远看到了慢慢聚集的人群，他知道那里即将上演一场振奋人心的演讲。1925年2月，上海日本纱厂大罢工的风暴潮让很多外商意识到了潜在的危机，这段时间，外国监管看上去都对他们和颜悦色了几分。但是，日本纱厂的兄弟们依然生活在水深火热之中，日本资本家当初与罢工的工人签订协议，只是为了哄骗他们尽快复工，并不打算履行，工人的待遇并没有得到改善，打骂、开除工人的事仍时有发生。

面对资本家的穷凶极恶，中国共产党决定在5月30日这一天发动一次大规模的群众性示威。他们派出工人代表去上海各所高校动员学生，希望他们发扬五四精神，走出书斋，以实际行动支援工人。

唐良生正满腹心事地走着，与迎面走来的上海大学学生何秉彝、南洋大学学生陈虞钦擦肩而过。何秉彝23岁，他是四川彭县人。1923年，何秉彝与同学沿长江而下，一起来到东海之滨的上海，进入上海大同大学数理专修科学习。一年后，他如愿以偿进入上海大学社会学系学习，专攻社会科学与马克思主义理论。1925年初，何秉彝当选共青团上海地委组织主任、上海学生联合会秘书，并光荣地加入中国共产党。陈虞钦祖籍广东，生于南洋荷属婆罗洲山口洋（今属印度尼西亚），1921年秋回国就读于上海南洋公学附小，之后升入附中。这是他到中国的第四个年头。恰同学少年，正值一腔爱国热情无处可抛的年纪。

两张青春洋溢的脸庞从身边闪过，唐良生停住原本要去上班的脚步，他回过身来，怔怔地看着他们的背影。思忖片刻，改变了前行的方向。他追随着两个年轻的背影而去，从这一刻起，他们的命运连在了一起。

残酷的杀戮是从下午3:37开始的。从清晨起，工人、学生不断从上海的四面八方云集到租界。巡捕房仓皇应对，一个又一个勇士被他们抓进巡捕房，殴打，关押。巡捕房的暴行并未吓退示威的人们，人数越来越多，情绪越来越激昂。愤怒的人潮将关押无辜示威人士的老闸捕房围了个水泄不通。双方形成对峙，一方坚决不放人，一方坚决不退后。丧心病狂的老闸捕房捕头爱德华·威廉举起手枪，打出了第一粒罪恶的子弹，人群中一人应声倒地。“开火！”黑洞洞的枪口喷吐着嗜血的火舌，两排枪，44响，上海乃至远东地区最繁华的南京路，子弹横飞，血流如注，刹那间变成人间修罗场。

最先中弹的是唐良生，那一瞬间，他觉得自己轻盈得像一根羽毛，他迎着3点37分的太阳慢慢倒了下去。失去意识的那一刻，他看到了清晨与他擦肩而过的那两个学生。“学生是国民，我也是国民，不得不表爱国的同情。我因爱国而死，何痛之有？国将没有，哪里有家呢？”

离唐良生不远处，躺倒在地的是陈虞钦，他的手里还紧紧握着一面红底黑字的小旗，上面写着“中国独立万岁”。此刻，他汩汩流淌的鲜血将旗帜染得更红。

血泊中，也有共产党员何秉彝。那天，何秉彝是演讲游行运动总部的联络员，枪声大作引发了骚乱，他不顾自身安危往返于大街小巷，引导示威人群有序疏散、撤离，却不幸被子弹击中。即便是生命的最后一刻，仍然保持着掩护他人撤退的姿势。

屠刀与枪炮并未吓退革命者，反而让他们更加清醒。从此，革命高潮，一泻汪洋，拉开了中国大革命高潮的序幕。

16. 隐溪茶香氤氲

李根伟把隐溪茶馆的位置用微信推送过来，嘱我们自行前往，他忙完手头的事情就在那里与我们会合。

认识李根伟有两个年头了。2017年的小满节气刚过，一场暴风骤雨就叫嚣着袭来。小满三日望麦黄。一天一夜过后，天高云淡，朋友圈被蓝蓝的天、白白的云刷爆，相比麦田里倒伏的麦子，蓝天、白云似乎更值得人们去关心。

春末夏初，流苏花开的季节，机缘巧合，我结识了面临着身体与心理双重忧患的李根伟，身体层面是肾脏出了问题，心理层面则是认知存在偏差，他不认可自己，踌躇纠结于自恋与自卑之间，疲于应对事业、家庭与爱情的鸡零狗碎。他的肾脏早已超负荷，不得不依赖透析，他的心灵也超负荷运转，他选择了我，作为他的心理咨询师。

心理咨询的本质是陪伴，他选择了我的服务，我亦接纳了他的全部。

1982年，李根伟出生在山东青州，父亲是改革开放之后的第一拨弄潮儿。起起落落，落落起起。风生水起的时候少，败走麦城的时候多，最惨的那一年，春节的时候，父亲外出躲债，家中只剩下母亲带着他和妹妹过了一个提心吊胆的年。磨难总是催人早熟，李根伟选择高中辍学，与父亲一起分担照顾家庭的责任。

从象牙塔提前退场的少年，同时也亲手扼杀了自己青春萌动的初恋，年轻的意中人成为他心头永远的朱砂痣和窗前皎洁的白月光。

第一桶金通常裹挟着秘密，原罪论与第一桶金之间的辩证关系，马克思曾分析道："我们已经知道，货币怎样转化为资本，资本怎样产生剩余价值，剩余价值又怎样产生更多的资本。但是，资本积累以剩余价值为前提，剩余价值以资本主义生产为前提，而资本主义生产又以商品生产者握有较大量的资本和劳动力为前提。因此，这整个运动好像是在一个恶性循环中兜圈子，要脱离这个循环，就只有假定在资本主义积累之前有一种'原始'积累，这种积累不是资本主义生产方式的结果，而是它的起点。"

1980年是中国房地产的元年，但是直到1987年中国地产才开始进入商业化，泡沫，绝境，新生，新泡沫，新绝境，新机遇，循环交替。李氏父子浪遏飞舟，经历着成功、失败，在忠诚与背叛、底线与操守中做着一次又一次艰难的抉择。

"如果彻底坏透了，就不会分裂了，最可怜的就是我这个样子，一半天使一半魔鬼。"李根伟躺在舒适的榻上，闭着眼睛回想自己的人生。他有时候会一掷千金，有时候又会锱铢必较；有时候呼朋引伴，有时候落寞寡欢；他想回到青葱的过去，又无法割舍当下的骨肉相连；他坦荡荡广交朋友，也会在阴影里揣度口蜜腹剑；他与父亲明明情深如海，却相处得如同世仇一般；上一秒还是春风浩荡，下一分钟阴狠暴戾便肆意漫卷；他觉得自己很脏，但同时又觉得自己质本高洁……

他病了，开始接受透析治疗。李根伟说用的是16GA-R25号的针头，他用手比画着针的长度，戏称那是给大牲口打针用的，而且需要扎两针。每次透析，最恐惧的就是针头刺穿皮肤的痛楚。即便是已经透析了那么多次，扎过那么多针，但每一次都像是第一次，疼在皮肤上，痛到心底里。

透析的时候，李根伟大都会睡觉，沉睡，深睡，完成之后就能"满血复活"。这样的睡眠美滋滋香喷喷，睡着之前，血液是一片富营养化的海洋，几乎被浒苔遮蔽得失去了原有的模样，一觉醒来，宛若重塑，抱着这样的希冀沉沉睡去，梦里也会开心地笑出声来。

透析结束，胳膊上会留下两个孔洞，那是透析的印迹。他不在意。他只在意血液的洁净，就像在意雨后的蓝天、白云以及又甜又鲜的空气一样。那两个孔洞微不足道，就像风雨后田野里倒伏的麦子，没有人会去在意，甚至连麦子自己也习以为常，只除了与麦子命运捆绑在一起的老农。他注视臂弯处孔洞的眼神同样空洞，但当伤痕暴露在母亲的视野范围内时，母亲的眼神是不一样的，因为她也是一个老农，儿子则是她的麦子。生病之后，家庭关系缓和了许多。"明德乾坤正，家和万事兴"成为李根伟的微信个性签名。

栉风沐雨，其实是天地在给自己做一场透析。空气污染，雾霾深重，用风吹散阴霾，用雨洗刷天空，风雨过后，天地光洁如新。天地需要这样的透析，一次又一次，不计成本，不厌其烦，周而复始。

心理咨询也是一种透析，精神层面的透析。倾诉，倾听，在交流的过程中宣泄精神垃圾，只有身体垃圾与情绪垃圾同时释放，才会获得身体与心理的双重健康。

健康既是当下的社会命题，也是时代话题。健康的空气、健康的水源、健康的土地、健康的情感、健康的家庭以及健康的人际关系，没有谁能拒绝健康的诱惑。健康，太诱人，千金难买，千金不换。

咨询周期结束，我们便渐行渐远。直到有一天，李根伟告诉我，他已举家迁居上海。问其原因，说是要让孩子接受更好的教育。创一代，会不惜成本地为他的第二代做教育投资。初识李根伟的人，大都以为他是个富二代，不会有人相信天生一副书生皮相，鼻梁上一副金丝眼镜，文质彬彬的羸弱身板是真刀真枪、一砖一瓦地将李家门楣粉刷一新的创一代。只有近距离接触后才看得真实、清楚，公司里的“小李总”远比“大李总”心狠手辣，杀伐决断的时候，眼睛都不眨一下。

李根伟的故事被我编号后深埋进一个“树洞”，秘不示人，此为职业操守。

一晃两年过去了，写作本书之旅行进到五卅运动。在初冬的夜雨中抵达上海，入住李根伟帮我们预订的酒店，一夜安睡，迎来太阳穿透云罅，照得室内温暖如春。

隐溪茶馆肇嘉浜路店离我们住的地方不远，我们与李根伟几乎同时到达，他手里拿着一本梁建章的《人口创新力》，风尘仆仆，意气风发。三个人，三壶茶，冻顶乌龙、生普与白茶，一种茶，一种人生。

“我做完换肾手术了。”李根伟说得云淡风轻，仿佛他在说别人一样。茶香氤氲中，三道茶的光景，便讲完了鬼门关上走了的那一遭。

青州的房地产项目在收尾，之前的养老地产运营步入正轨，聘请了来自台湾的专业管理团队。上海的公司在起步阶段，势头还是蛮不错的！

两年不见，李根伟沉稳了许多，不变的是稍快的语速。那预示着深深镶嵌在骨髓里，一时难以根除，也许终生不能根除的顽疾，焦虑。入乡随俗，从语言开始，李根伟开始使用“蛮好的”。

为什么会选择上海？依着对李根伟的了解，他在北京有着更多的人脉资源与牵挂。

他笑得意味深长，应该是听懂了提问背后的疑问。“北京太旧，广州太新，上海半新不旧。”智商140的年轻人回答着我的问题，冷不丁抛给我一个问题，“李老师，您知道中国第一个工会组织是在哪里成立的吗？”

微微一愣，旋即回答：上海。能快速回答是因为写作本书开始前做过的文案准备。

“对，1925年6月1日，上海总工会成立，就在‘五卅惨案’发生的第二天。这座城市，是当时中国距离现代企业制度最近的城市，也是深谙契约精神的一座城市。作为一个商人，还有比上海更适合我的地方吗？”

对于这个曾经深度信任我，在我面前袒露疮疤与伤口的年轻人，我只能微笑颔首，以资鼓励。他已经由实业操盘转行至资本运作，这是他的选择，基于时代的选择。资本不分国籍，它是一把双刃剑；资本无善恶，正与邪的较量在于持剑人的初心。

“李老师，我一直记得您的忠告。”李根伟打开手中的书，苍劲的蝇头小楷，力透纸背。“我在研习书法，我把您的忠告制成了书签。人虽非草木，但亦如草木。人种，天收，即为小满。不求太满，小满即是圆满。”

“李老师。把我写进您的书里吧！”

“这是非虚构，你愿意把你的故事真名实姓、白纸黑字地公之于众？”

“有何不可呢？”

是啊，隐溪不隐，君子坦荡荡，有何不可呢！

17. 路人不识“五”与“卅”

隐溪茶歇，一壶茶的光景里，手机不停地叫。想来李根伟的“小满”也只是写在纸上，知易行难，从来都是如此这般。原定一起前往人民公园去拜谒五卅运动纪念碑的他，终于还是被一通电话羁绊住了，匆匆作别，也不知他日相聚又会是何年何时！

冬日的人民公园几乎没有游客，上海街头亦没有闲人，每一个都行色匆匆地赶着路。

在极具现代感的五卅运动纪念碑雕塑前，静候了半晌，才遇到屈指可数的几个人。我使出浑身解数，拿出曾经在媒体鏖战18年积累的勇气，搭讪陌生人做街头采访。

昨夜的雨痕犹在，早晨露出云罅的太阳，被雨声扰了一夜清梦，明显电力不足，无精打采地值了一会儿班，就倦怠地缩进了厚厚的云被补眠去了。天阴沉下来，我的心也在跟路人对谈了几个回合后黯淡下来。

天越发阴沉。后退一小段距离，让五卅运动纪念碑雕塑组群全部映入眼帘。这组雕塑出自两位青年艺术家之手，上海油画雕塑院雕塑家余积勇和上海园林设计院设计师沈婷婷。他们用了不锈钢和岩石作为材质，再现曾经挺立在血雨腥风中的坚毅灵魂。这是振翅欲飞的铁翼，还是烈焰喷出的火舌？

"您觉得这个雕塑像什么？"

看不出来。

"您知道这个雕塑的名字吗？"

"不知道。"

"……"

天阴到底了，中断了不到12小时的雨又接续着下起来，细雨如丝,虽不沾衣,却催动了路人的步伐。

我的沉默被我的旅伴发现了,这个不读我写的每一篇文章、每一粒文字的人,却是我追梦路上最忠诚的拥趸和陪伴者。他拥着我的肩,给我最结实的依靠。这个雕塑是什么?他挑起我与别人无法继续的话题。

这个是“五”,那个是“卅”。

穿过细细密密的雨丝,我伸出手去,试图触摸那段早已消隐在历史中的血色过往。

为什么就没有人记得呢?那些倒在洪流中的人,有名的,无名的,他们是历史的鸿毛还是时代的泰山,或者反过来,是时代的鸿毛还是历史的泰山?这才过去了多少年,没有人记得顾正红的勇敢,也没有人知道唐良生、陈虞钦、何秉彝的牺牲,更不会有人去刨根问底,追问共产党人在那场旷日持久的斗争中获得了怎么样的成长,汲取了怎样的教训。大革命高潮的序幕从此拉开,历经一番又一番的流血与牺牲,最终警醒了那个湖南籍的年轻人,以他为代表的中国共产党人对民主革命道路开始进行新的探索。这种不屈不挠的探索直到今天,仍在延续。新时代中国特色社会主义是中国共产党领导人民进行伟大社会革命的成果,也是党领导人民进行伟大社会革命的延续。历史和现实都明证着一个真理,一场社会革命要取得最终胜利,往往需要经历一个漫长的历史过程。只有回看走过的路、比较别人的路、远眺前行的路,弄清楚我们从哪儿来、往哪儿去,很多问题才能看得深、把得准。

“只要有一个人记得就有意义。这不正是你写本书的意义所在嘛。”

拭去脸上的泪水,缓缓走向前,“五”与“卅”的背后,弧形的纪念碑体前,凝固的铸铜圆雕,一位工友怀抱着倒下的战友身躯。雕塑的基座是深色的花岗岩,有着我熟识的花纹,石材来自我的家乡山东,它叫泰山石。

18. 国碑记忆:王临乙的中法情缘

秋意渐凉的京城,一场与百年中国相关的拍卖活动使世纪末的黄昏升起了一股热浪,著名雕塑家刘开渠先生的家人,欲将其为人民英雄纪念碑创作的浮雕中的两个铸铜头像委托拍卖行参拍,引起举国上下一片关注。

国人还沉浸在该不该拍卖的沸沸扬扬之中时,人民英雄纪念碑八块浮雕作者之一王临乙先生的弟子们幡然醒悟,老师的名作《五卅运动》也像刘开渠先生一样留下了四个石头头像,只不过当时被随意扔在了洋溢胡同旧居的窗台和柳树底下,他们四处找寻,却始终不见踪影。惋惜之余,弟子们却没有一丝的遗憾,因为老师不仅在世界上最大的广场上留下千古不泯的杰作,更令后辈惊叹的是他与巴黎贵族世家美女王合内的爱情故事,也像碑碣上的浮雕一样镶进了百年中国的历史星空。

苍松古柏掩映下的八宝山革命公墓。1997年苦夏。

走完89载春秋的大雕塑家王临乙，神色平静地卧在鲜花丛中，人世间的浮华和嘈杂，他再也看不见了，生前身后的荣耀和寂静都已不重要。素幡飘动，哀乐低旋，人们怀着虔敬的心情在王临乙的遗体前献上心香一瓣，坐在灵柩旁边的是他的金发遗孀，王合内教授，她是王临乙遗落在这个世界上唯一的亲人。

告别仪式结束了，人流如潮的吊唁厅沉寂下来。王合内在丈夫的额头上留下了最后一吻，她轻轻地梳理着他的头发，牵起他的手，哽咽道："临乙，你真的走了，扔下了我一人孤零零地活在世上。在天堂里等着我，我会像60多年前你涉洋过海到巴黎来找我一样去找你……"

褪色的往事透过迷离泪眼，突然变得清晰起来。

巴黎国立高等美术学院周末放学的铃声响过之后，法国贵族世家的千金合内·尼凯尔挽着中国留学生陈芝秀的手臂走出雕塑系的教学大楼。

"合内，你要回家吗？"陈芝秀边走边询问最贴心的女友。

"不想回去！"金发美人合内·尼凯尔垂下眼帘，表情无奈，"我还是留在学校吧，回家又会遇上他，他现在可讨妈妈欢心了。"

"你们怎么了？之前相处得挺好。"

"性格不合。我们不合适。"合内·尼凯尔一副心事重重的模样。

“那去我家吧!”陈芝秀一脸自豪,“中国留法艺术学会刚刚成立,就在我家。每个周末都有沙龙。我知道你喜欢东方文化,来听听吧!感受一下气氛。”

“真的吗?太好了!谢谢你的邀请,陈。”合内·尼凯尔的脸上瞬间阴霾扫净,整个人高兴得快蹦了起来。

这是20世纪30年代的巴黎,一群朝气蓬勃的青年艺术家相聚在巴黎,他们大多都是单身。那时候常书鸿已经成了家,夫人陈芝秀,还有一个可爱的女儿常沙娜。常书鸿的家就成了学艺术的中国留学生的聚会场所。王临乙、吕斯百、曾竹韶、唐一禾、秦宣夫、陈仕文、刘开渠、滑田友、马霁玉、王子云、余炳烈、程鸿寿、郑可等都是座上宾。

穿过圣杰曼大道,朝常书鸿和陈芝秀在巴黎的小家走去。彼时的合内·尼凯尔并未意识到,她已经迈出了走向东方古国的第一步。

“这是王临乙,我先生的好朋友。”一群青年才俊中,陈芝秀将王临乙第一个介绍给合内·尼凯尔,“这是合内·尼凯尔小姐,我的同班同学。”

合内·尼凯尔忽闪着美丽的大眼睛打量着眼前质朴、儒雅的东方男子,性情内敛的王临乙被看得手足无措,怔愣了一会儿,才自报门户:“尼凯尔小姐,您好!我是王临乙,学雕塑的,师从夏尔教授。”

"哦,原来是你啊!"合内·尼凯尔把纤纤素手伸了过来,"我在巴黎春季艺术沙龙看过你的获奖作品。"

"献丑了。希望您能喜欢。"王临乙谦逊地答道。

前来参加周末聚会的人越来越多,两个年轻人互相在人群里寻找彼此的身影,偶尔眼神交汇,便会心一笑。情不知所起,一往而深。常书鸿三岁的女儿常沙娜看着他们,忽然说出了一句:"Un couple amouerx!"(一对恋人!)众人哄堂大笑。

尼凯尔家族在法兰西大地上已繁衍上百年,是巴黎有名的贵族世家。合内·尼凯尔1912年4月出生在当时的法属殖民地阿尔及利亚的一个庄园里,她有两个哥哥,兄妹三人中她年龄最小,是最得父母宠爱的一个。在阿尔及利亚生活时,小合内爱上了东方艺术,父亲将她送回法国后,她就读于法国尼斯图案美术学校,后考入巴黎国立高等美术学院雕塑系。

1928年,徐悲鸿先生在福建省教育厅为自己的学生王临乙、吕斯百争取到了公费赴法学习的机会,临行之际,嘱咐他们二人:不能两个人都学油画,有一个要学雕塑。王临乙当即表态学雕塑。彼时的王临乙无论如何也想不到,他的这一选择会将自己与法国丽人连在一起,共谱一曲60多年的中法恋歌。

当合内·尼凯尔将自己与中国留学生王临乙相爱的事情告诉母亲时,尼凯尔太太反应特别激烈,她尖叫起来:"不!女儿,你简直是疯了,一个学艺术的穷留学生怎么养活你?"

合内·尼凯尔多少有些不解地说:"妈妈,我不需要他养我!

我也可以工作的。”

“孩子,你太年轻,没有尝过贫穷的滋味。中国是东方一个遥远、贫穷的国度。我不能让你去吃苦受累。太可怕了!”

“妈妈,你不了解中国。我喜欢东方文化,那里有许多神秘的传说。”合内·尼凯尔辩解道,“给尼凯尔家族授贵族爵位的拿破仑皇帝称中国是一只沉睡的雄狮。”

尼凯尔太太挥手阻止了女儿说:“合内,如果你真的喜欢东方文化,柬埔寨也在东方啊,你与你的那位同学不是相处得很好吗?他的家世要比王临乙好太多了,最起码有能力让你以后的生活稳定舒适。”

“妈妈,不管他多么富有,可是我不爱他,我爱的是王临乙。”

尼凯尔太太想了想,说:“那好吧,你转告你的王,我和你爸爸要见他。”

几天后,王临乙如约来到圣杰曼大道旁的一间咖啡馆,尼凯尔夫妇已经等候在那里。尚未寒暄几句,尼凯尔太太便脱口而出:“王,求您离开我们的女儿。”

王临乙摇了摇头:“请原谅,尊敬的尼凯尔夫人,我不能答应您的请求,因为我很爱合内小姐,什么力量也无法将我们分开。”

王临乙长得气宇轩昂,言谈举止间不卑不亢,虽然只有短短的几分钟,却也赢得了尼凯尔夫妇的好感。“那好,你们可以不分开。毕业后,我们希望你留在法国。”尼凯尔太太退而求其次。

“不!尼凯尔太太,我不能。我是中国公费派出的留学生,毕业后必须回去报效祖国。”王临乙一脸真诚。

尼凯尔太太略带惋惜地摇了摇头。

一旁沉默不语的尼凯尔先生终于说话了：“王，我相信你的真诚。可我们的女儿从小娇生惯养，又体弱多病，跟着你去遥远的中国，我们实在是不放心。这样吧，我给你一笔钱，作为交换……”

“不！尼凯尔先生，您这是在侮辱我，我可以原谅您，但是您不应该侮辱您的女儿。”王临乙态度坚决，“如果您同意，我会照顾您女儿一生一世。”

“我不同意。”气急败坏的尼凯尔太太从她那精致的手袋里掏出了小手枪，颤巍巍地对着王临乙的脑袋，“我宁可杀了你，也绝不让你夺走我的女儿。”

王临乙面不改色：“为了爱情，我愿意付出鲜血和生命。尼凯尔太太，除非您把我打死，否则，我是不会改变初衷的。”

“你……”尼凯尔太太气得双手发抖，尼凯尔先生出手制止了她的不理智行为，双方不欢而散。

1935年夏天，王临乙学成归国前夕，尼凯尔夫妇意识到用什么方法与手段都无法拆散女儿和她的东方恋人，只好默许了两个人的交往，但暂时不允许女儿跟随王临乙去中国，必须等到王临乙工作稳定，成为教授，才能谈婚论嫁。

是年秋天，王临乙乘坐邮轮回到了中国，随即被恩师徐悲鸿力邀北上，出任国立北平艺术专科学校雕塑系教授。一对异国恋人只好鹄立于大洋两边，遥遥相望，鸿雁传书以诉思念。1936年底，已经在北平置了房子的王临乙带上国立北平艺术专科学校教授的聘书，跨洋过海，奔赴塞纳河边，迎娶自己的法国新娘合内·尼凯尔。

尼凯尔太太百感交集："孩子，你对爱情的忠贞感动了我们，请带上我的女儿走吧！作为母亲，祝福你们的同时，我还有一个小小的请求，法国与中国相隔千山万水，我女儿去到中国，只有你一个亲人，请一定要善待她……"

"我会的！我向您发誓，我会一直爱合内，直到生命的终结。"这个承诺王临乙坚守了多60年，直到生命的最后一刻。

1937年1月13日，王临乙与合内·尼凯尔小姐在巴黎维尔奥弗朗区政府举行了结婚仪式。没有牧师在场，甚至合内·尼凯尔连一袭白色的婚纱也没有穿。相爱的两个人给彼此戴上了象征永恒的结婚戒指。合内·尼凯尔遵照中国传统，在自己的法国名字前冠了夫姓，改名王合内。

15天后，新婚夫妇王临乙、王合内告别了巴黎的亲朋故友，前往埃及游览金字塔，领略古埃及文化的无穷魅力，后取道吉布提港返回中国上海，这是王合内一生中最浪漫的行程。

也许预感到女儿此行东方，今生无缘再见，在巴黎火车站的冷雪纷飞中，辞别之际，尼凯尔太太哭成了泪人，坚强的王合内将眼睛投向昏暗的巴黎天空，她不敢回头看母亲一眼，她怕自己一回头，便再也没有勇气离开巴黎。火车启动的一刹那，尼凯尔太太突然将自己头上身上戴的珠宝细软统统摘了下来,用手绢包裹起来递进车窗,泪流满面地说:“女儿,如果想回家,就将这些变卖了做路费。不管什么时候,这里永远是你的家。”火车缓缓启动,巴黎城郭化作一片朦胧。父母亲人淹没在暮霭之中。王合内欲语哽咽,攥着仍带有母亲体温的珠宝首饰,咬着手绢不让自己哭出声来。她的爱人王临乙将她紧紧拥在怀里。

蜜月归来,王临乙携新婚的法国妻子北上,担任国立北平艺术专科学校雕塑系教授。当他正准备将一怀报国之志施惠于中华学子时,七七事变的枪炮声击碎了他的报国梦。山河破碎风飘絮,王合内脱下巴黎时装,打包行李,跟着丈夫和国立北平艺术专科学校的师生们匆匆踏上南逃之旅,穿过硝烟四起的北方城郭,露宿在田园将殁的村庄,与中国亿万苍生一起默默承受着国破家碎的苦难日子。

1941年夏天,他们从昆明随校迁至重庆沙坪坝磁器口的凤凰山上。这时,巴黎国立高等美术学院的才女王合内俨然已成为村姑。王合内在凤凰山上养了一窝兔子,在房前屋后开荒种菜,还养了一群鸡,听别人说羊奶可以滋补身体,她便让王临乙从村民那里买来了奶羊,自己一个人满山遍野地赶着羊去放牧。凤凰山上,一个金发女郎牧羊的情景,俨然成了当时重庆的一道风景。

万里情相随的法国丽人为她的东方爱人撑起了一片躲避战乱的生命屋檐,在这期间,王临乙创作了《汪精卫跪像》《抗日英雄张自忠将军墓碑》《大禹治水》《林森铜像》等,在重庆艺术界引起极大反响,得到徐悲鸿先生的称赞。

抗战胜利后,王合内跟着丈夫重返京城。王临乙受徐悲鸿先生之邀,继续担任国立北平艺术专科学校雕塑系主任兼总务主任。这时,夫妇两个在位于东长安街南侧的洋溢胡同买了一个小院,在一片空地上,这幢孤零零兀立着的临街小院,历经风雨侵蚀,门窗凋敝,草木丛生,庭院衰败不堪。王临乙夫妇就自己动手修理,不久就把一处破败的院落整修成了一座花园。手脚灵便的王合内一点也没有贵族小姐的娇气,提着和好的泥沙桶蹬梯爬上房顶,一处一处重新换瓦砌墙,找缝补漏。漂亮摩登的金发丽人在屋顶上修房,还曾在东单附近引起过轰动。一位摄影记者将王合内在屋脊上工作的倩影永远定格在了历史的长河中。

解放战争的隆隆炮声撼动着北平的古城门,在黎明天晓与黑暗搏斗的日子里,蒋介石专门让一代大儒胡适、钱穆等人用专机来北平大批运送著名教授,法国领事馆也动员王临乙、王合内夫妇回巴黎去。在徐悲鸿先生的影响下,这对夫妇紧闭大门,安坐家中,听着越来越逼近的炮声,既激动又恐慌,既期盼又茫然,在漫漫的冬夜里等待新中国的到来……

新中国的曙光照耀着王临乙、王合内花园式的家,一派岁月静好,现世安稳。然而磨难不肯放过他们。1952年"三反"时,主掌中央美术学院总务的王临乙被奸商乱咬,被当作"老虎"关了起来,失去人身自由长达半年之久。王临乙被拘押的当天傍晚,站在洋溢胡同巷口等候丈夫归来的王合内,从夕阳西下一直站到薄暮时分，直到夜色像黑色潮水将她吞没，也未见王临乙的身影在小巷出现。那天晚上，王合内惴惴不安地坐了一夜。第二天有关人员找她谈话，直言王临乙分管经济、财物时有贪污之嫌。

“不！绝对不可能！”王合内太了解丈夫了，王临乙绝不会做这种的事情。

“拘留他，是有原因的。”对方答道。

王合内用刚刚学会的生硬汉语为王临乙辩解：“王临乙说话率直，工作方法简单，做错事情在所难免，但我相信他的人格，绝不会贪污……”

“王太太，我们绝不会冤枉一个好人，当然也不会放过一个坏人。”

“我可以去看看他吗？”王合内提出要求。

“哦，暂时不行。”

“为什么？”

“不为什么。”

送走调查人员，王合内匆匆忙忙跑到徐悲鸿家，她想请徐老师出面帮忙说几句公道话，可是此时的徐悲鸿已病入膏肓，尽管他与王合内一样相信自己的学生王临乙是清白的，但此时的徐悲鸿已经不便过问美院的事情，只能安慰王合内，让她耐心等候。

这一等就是半年之久，王合内独自幽居家中，除了几个朋友偶尔来安慰她一下外，大多数时间都是她一个人孤独地待着。蒙受不白之冤的王临乙决定以死明志，他用瓷片割开了左手的动脉血管，所幸发现得早，捡回来一条命。王合内赶到了医院，抱着丈夫失声痛哭：“临乙，你怎么会这样傻啊！要是你走了，留下我一个人，我怎么办？如果你还爱我，就要好好活着！”

“合内，都是我不好，让你担心了，对不起！”夫妻二人抱头痛哭。

徐悲鸿闻讯后，一代艺术大师上书文化部。中央美术学院党组织经过认真复查，最终证明王临乙是清白的，召开全院大会为他平反昭雪。

1952年至1958年期间，大小运动风浪此起彼伏，参与人民英雄纪念碑浮雕创作的多位画家、雕塑家深陷其中，即便如此，他们依然凭借着高超的艺术技艺、对党和国家的忠诚完成了一幅又一幅传世佳作。

王临乙出生在上海，他曾目睹那场万人游行，帝国主义的血腥暴行真实地发生在他的身边。在他的认知里，五卅运动体现的是万众一心、众志成城，是故，他在浮雕中采用了整体统一的造型。在人民英雄纪念碑的八块浮雕中，只有王临乙的《五卅运动》浮雕没有将人物分组，而是采用了平行构图，以达到一个连绵不断的横向运动效果。站在浮雕前，就能强烈地感受到行进着的工人队伍澎湃汹涌的愤慨。

西方包围和封锁红色中国的坚冰终于在1964年被打破了。法国戴高乐总统毅然与中华人民共和国建立了外交关系，法国是第一个与新中国建立外交关系的西方大国。在东方大地上漂泊了近30年的王合内终于可以回娘家了。

30年家国，只是依稀在梦中。当年跟着王临乙远走东方时，王合内正值风华绝代的年纪，而今30年风霜雨雪，早已将她磨炼成一个知天命的老妇。伫立在老家的古堡前，风雨苍黄犹在，却早已物是人非。在父母的墓碑前，王合内忍不住放声大哭："爸爸，妈妈，我回来了！"得知小妹回国，哥哥专程从比利时赶过来，希望她接受父亲去世时留给她的遗产，同时希望妹妹不要再回中国了。

王合内摇了摇头："对不起，哥哥，我已经是中国人了，1955年我加入了中国国籍。最重要的是，我的爱人在中国，我要回去！"

哥哥道："你可以把他接到法国来，在这里定居。这里的条件比中国要好上一百倍。"

王合内笑了笑："他不会来的，他热爱他的祖国，而我爱他。爸爸的遗产，你们自行处理吧，我放弃继承权。"

半年之后，王合内登上了飞往中国的航班，回到了王临乙身边。

1993年，王临乙夫妇搬到了煤渣胡同9号美院宿舍楼。王临乙、王合内没有孩子，一直将好友常书鸿的女儿常沙娜视若亲生，同时也把教授过的学生当成自己的孩子一般来关爱。待到他们晚年时分，陪伴左右的也是这一群学生。在爱人的陪伴和学生的照顾下，1997年夏天，王临乙走完了他的一生。两年多后，2000年1月24日傍晚，王合内老人无憾而逝。

在王合内人生的最后一个秋天，中华人民共和国成立50周年庆典落幕后的一个晴朗秋日，天蓝如镜。王临乙的学生们推着轮椅带师母来到了天安门广场。

“我想去看看人民英雄纪念碑。”王合内请求道。

人民英雄纪念碑大须弥座的八幅浮雕，是中国百余年来屈辱、血泪与反抗的历史写照，其中的《五卅运动》浮雕正是王临乙的手笔，那是王临乙艺术生命的最强音。

遗憾的是人民英雄纪念碑早已禁止游客近观细看端详。学生想掏出电话联系管理机构，看是否能帮师母完成心愿。

王合内摆了摆手，说：“没关系，从远处我也能看到临乙雕塑的作品。那上面有工人、学生、市民和商人，他们神色坚毅，英勇前进。在人群后面，隐约还能看到外滩的海关和银行大楼，那是上海！那是五卅！”

学生静默无言。师母她不是用眼去看，而是用心在看。

南昌起义（1927年8月1日）

踏莎行·南昌起义

故郡江西，洪都新府。滕王阁轻舟归暮。甘棠湖上雨生寒，云霞浸月惊飞鹭。

抛却头颅，男儿阔步。英雄无语烽烟赴。军旗升起在东方，微光星火燃成炬。

主创者　萧传玖

主雕者　高生元

踏莎行 南昌起義

故郡江西洪都新府滕王閣輕舟歸暮甘棠湖上雨生寒雲霞浸月鶩飛鷺挑却頭顱男兒濶步英雄無語烽煙赴軍旗昇起在東方徹光星火燃成炬

歲在己亥年櫳月書李玉梅

词於京華劬雨齋徐劬

劬雨齋

第六章　军旗升起的地方

19. 甘棠湖上的红船

没有风，湖面平静如镜，甘棠湖上的游船不多，只零零散散地漂荡着几艘，各怀心事。其中的一条船上，船夫依嘱自觉闭塞了听觉，自顾自沉闷地划着桨。

船舱里端坐着一个人，星眉朗目，西装革履。今天这场邀约是他发起的，所以他来得最早。上的船来，便吩咐船家："先绕湖划一圈，再回到此处等人。不该听的别听。"他进到船舱里，安坐在舷窗一侧，警惕地注视着水面的动静。木桨划破甘棠湖的水腹，切口处瞬间便愈合，除了一圈圈荡漾的涟漪，依旧平静安宁。小船向着烟水亭的方向缓缓而去。离开湖岸已有一段距离，透过左右舷窗，他没有发现任何异样，这才放下心来，确认自己没有被盯梢、跟踪。抬手看看腕表，距离约定还有一段时间，他长舒了一口气，稳稳心神，将目光移向“山头水色薄笼烟”的烟水亭。

甘棠湖在江西九江的市中心，面积约80公顷，湖水由庐山泉水汇入而成。鸦片战争以来，号称日不落帝国的英国陆续在中国设立了七个租界，其中两个在内地，分别是长江沿岸的汉口和九江。1927年初，汉口和九江先后被收回。

东汉末年，东吴名将周瑜曾在甘棠湖上演练水师。故垒西边，人道是三国周郎赤壁。到了唐代，诗人白居易为江州司马时，于甘棠湖心建亭一座，以《琵琶行》中“别时茫茫江浸月”之句将亭命名为“浸月亭”。北宋时期，以千古名篇《爱莲说》传世的理学家周敦颐也在甘棠湖堤上建楼筑亭，“烟水亭”取的是“山头水色薄笼烟”之意。两亭争辉，一亭观浸水之月，一亭赏山色烟雨，可惜两亭相继废毁于明嘉靖年间。明末清初时，在“浸月亭”废址上重建一新亭，将同样已毁的“烟水亭”之名移到此处，两亭并一亭，也算重见天日。

他看看表，时间尚早。湖水挤走了七月的燠热，这里比市区要凉爽几分，他头倚舷窗，听耳畔轻轻滑过的水声，闭目假寐。来赣一年有余，就在几天前，经李世安同志介绍、周恩来同志同意，他秘密加入中国共产党。1920年，他从云南讲武堂毕业，当时的教育长是王柏龄，四年后，王柏龄作为黄埔军校的主要筹办人和教授部主任，将一直视作得意门生的他招至麾下，担任教授部副主任兼兵器课程教官。1924年正值国共两党的蜜月期，他那时候也曾经提出过要加入共产党，却没有被批准。彼时的他在蒋介石手下的教导团当团长，是蒋的嫡系部队。三年后，他对昔日的恩师、校长日渐失望，双方渐行渐远。多年之后，他回忆起入党的心路历程，其实对共产主义也不是完全理解，只是觉得当时的国民党不行，享乐腐化，必然失败。

1927年，国共两党关系急转直下，决裂已成定局，国民党对共产党的排挤与绞杀或明或暗，箭在弦上，一触即发。国民党内部也不是铁板一块，蒋介石在南京另立中央，国民党在武汉的汪精卫集团和南京的蒋介石集团的矛盾公开化，宁汉分裂，各有图谋。共产国际对中国革命形势的研判也存有偏颇。

彼时，他的共产党员身份仍是秘密，只有少数的几人晓得内情。他获悉庐山会议的阴谋之后，深觉事态严重，当即托人邀约已经接到会议通知的两个人游甘棠湖，且再三言明有要事相商。为何要选择甘棠湖呢，此时此刻，他也在问着自己这个问题。也许是因为“甘棠”一词的来历。西周时，召伯和周公辅佐年幼的成王，巡行乡邑时常露宿野外，乡邑边甘棠树下便是召伯处理政事之所。召伯仙逝后，人们见甘棠如见召伯，“甘棠”遂成为公正清廉官员的代名词。1927年的大中国，甘棠何在？唯有甘棠湖水清清，然世乱让人内怀殷忧。共产党人会是明日中国之甘棠吗？

再看看表，时间已差不多，他们应该到了吧。他轻轻对船家说了声：“回吧！”

岸边果然立着两个人，一位留着小胡子，叼着烟斗；另一位个子高高的，英俊威武，眼睛炯炯有神。甫一靠岸，他从船舱探出半身，招手示意二人上船来。

这是1927年7月25日，甘棠湖，小船。应叶剑英之邀，贺龙、叶挺如约而至。船舱里，几双大手交叠紧握，从上船的那一刻起，他们就坚定地走到了一起，他们这艘承载着革命友谊的小船不会说翻就翻，能把他们分开的只有死亡。为革命牺牲无上荣光，这是他们的根本信念。嘉兴南湖上的小船，事关中国共产党的建党伟业；甘棠湖上的小船，与中国人民解放军的建军大业休戚相关。两条小船，何以乘风破浪，苍茫云海间，长风几万里？历史早已给出了最好的答案，因为他们具有同一种精神：开天辟地、敢为人先的首创精神，坚定理想、百折不挠的奋斗精神，立党为公、忠诚为民的奉献精神。

甘棠湖上的“小船会议”如期召开了，会议决定：贺龙、叶挺不去庐山开会；不执行张发奎要求叶挺、贺龙部队集中德安的命令；部队立即向南昌开进。

两天后，周恩来到达南昌，住在朱德家里。根据中共中央决定，在江西大旅社成立了由周恩来、李立三、恽代英、彭湃组成的中共前敌委员会。万事俱备只欠东风，任何犹豫不决与反复无常在革命道路上都是螳臂当车，坚定的共产党人一往无前，无所畏惧。

1927年8月1日凌晨，南昌起义枪声打响。这一枪，打响了中国共产党武装反抗国民党反动派的第一枪，拉开了中国共产党独立领导武装斗争和创建革命军队的序幕。

20. 初心系红船

武汉至福州的高铁将我们送达今天的目的地——南昌。

抵达之时,天色已暗,路灯还没有亮起来。站在八一广场上,最大的发光体是高耸的楼宇上熠熠生辉的八一“红星”。闪闪的红星,慢慢地,一盏一盏地点亮了南昌的夜。这里是军旗升起的地方。

给南昌的朋友打了一通电话,约好第二天的行程。

来到朋友帮我们预订的酒店,大堂里只闻其声不见其形的扬声器里传来熟悉的音乐,侧耳倾听,倏忽之间反应过来,是《追梦人》。是它无处不在,还是作为追梦人的我自带背景音乐?

又是这首歌!

“纯属巧合。”我的旅伴波澜不惊。“你要是喜欢,每到一个地方,我都吹给你听。”他拖着行李箱先我一步跨进电梯,见我依旧呆愣在原地。他伸手向我勾着手指,合着大堂音乐的节拍,痞痞地吹起了口哨。有这样的旅伴,人在旅途不寂寞。

这位江西朋友拐的弯有点多。她是我北京广播学院同学的先生的姐姐家的孩子。我同学是她的舅妈,她唤我作阿姨。美丽的姑娘在南昌读完了大学就留在了此地。刚谈了一个男朋友,可巧还是个山东人,山东青岛人。山东小伙从大海之滨到大江之洲求学,大学四年,自然而然地适应了这片润泽燠热的土地。毕业后遵从父母的意愿回到山东,孰料生理、心理均无法再接纳北地的海风，坚持了不到两年便又回了南昌。他在向我们表述自己这段经历时用了“回”而不是“来”或者是“到”。江西，南昌，这座城市对他而言是有归属感的。在家乡时一个挫折接着一个挫折，在这里则是一顺百顺，顺风顺水。好男儿志在四方，父母索性就彻底放手不干涉他了。

他们，何尝不是追梦人？

车行进在福银高速上，车速有点快。这是年轻人的速度。郭德纲声音浑厚，不紧不慢地指引着我们的行程。南昌到九江，两个半小时。“阿姨您睡一会儿吧！”

从善如流，出来已有月余，随着采访的累积与深入，心上的分量重了，灵魂也重了，负重在肩、在心、在脑，疲态尽显。往往是躺在床上却翻来覆去睡不着，一上车，无论是汽车还是火车，车轮转动之际，便是我昏昏欲睡之时。

我们提前到达了甘棠湖。没有风，湖面平静如镜，甘棠湖上的游船不多，只零零散散地漂荡着几艘。我看到了那个星眉朗目、西装革履的年轻人，他在焦灼地等待他的朋友。我也看到了他的那两位朋友：一位虎背熊腰麒麟臂，留着小胡子，叼着烟斗；另一位个子高高的，英俊威武，眼睛炯炯有神。我还看到他们三个人在船上神情严峻地商谈、讨论，他们的手交叠紧握在一起，重重地摇了几下。他们的船靠岸了，他们分头离开，不同的方向，却一样坚毅的背影。我怔在原地，想追赶其中的一位，我要追随谁？我想喊出他们的名字，却发不出一丝声响。

车依旧在疾驰。快到了！美丽的向导悉心照顾着我。

我已经到过了。这是我的秘密，不足与他人道的秘密。昨天晚上，我也曾午夜飞行。身体里长满了无处安放的渴望，枕下有刀，它不是来自手术室，但它的使命却是将我解剖。而我，等待的心情是雀跃里的欢欣，唯独没有恐惧，凌晨三点半，我在原地，却已飞过大半个地球。

到了！

眼前的甘棠湖如同老朋友一般，它心态平和，平静如镜。烟水亭也在对着我微笑。虽然这里没有寒冷的冬天，但水边的凉意加倍，依然能够让游客萌生怯意。

与刚才唯一的不同是，现在的湖面上没有船，那条船已经停泊在我的心里。

1840年鸦片战争到1921年7月，堪称中国历史的至暗时刻。灾难深重的中国积贫积弱，在与帝国主义列强的数次角力中屡战屡败，背负一个又一个不平等的屈辱条约。山河破碎，饿殍千里。一批政治精英前仆后继，救亡图存，却均告失败。历史和时代坐标旋转至1921年，北京、上海、湖南、湖北、广东、山东和海外共产党早期组织推荐的13名中国共产党代表，陆续赶到上海租界，参加第一次党代会。最终，中国共产党第一次全国代表大会在浙江嘉兴南湖的一条游船上胜利闭幕，庄严宣告中国共产党的诞生。那条船获得了一个永载中国革命史册的名字：红船。寒夜苍茫，五更寒尽，红船由此启程。一簇星光闪烁天际，东方天幕上北斗星渐次清晰起来，为长夜茫茫中的中华民族定位、导航，百年历史天空，冥冥之中，独见天晓。一大的召开，毋庸置疑，给探索民族独立自由、解放古老中国带来黎明和希望。红船，见证了中国历史上开天辟地的大事变，成为中国革命源头的象征。红船劈波行，精神聚人心。红船所代表和昭示的是时代高度，是发展方向，是奋进明灯，是屹立在中华儿女心中的永不褪色的精神丰碑。“红船精神”同“井冈山精神”“长征精神”“延安精神”“西柏坡精神”等一道，伴随中国革命的光辉历程，共同构成中国共产党在前进道路上战胜各种困难和风险、不断夺取新胜利的强大精神力量和宝贵精神财富。

一个人民的政党诞生于一条小船上，那是南湖的红船；一支人民的军队被挽救于一条小船上，那是甘棠湖的红船。“烟雨楼台革命萌生，此间曾著星星火；风云世界逢春蛰起，到处皆闻殷殷雷。”红船点燃的星星之火，形成了中国革命的燎原之势，使四海翻腾，五岳震荡。依水行舟，忠诚为民，成为贯穿中国革命和建设全过程的一条红线，也是“红船精神”的本质所在。

从南湖到甘棠湖，我们的政党、我们的国家、我们的军队都曾与湖结缘，对“水能载舟，亦能覆舟”有着比其他的政党、国家、军队更深刻的理解。为什么人、靠什么人，原本就是检验一个政党、一个政权性质的试金石。一个民族、一个国家，必须知道自己是谁，是从哪里来的，要到哪里去，想明白了、想对了，就要坚定不移朝着目标前进。不忘初心，方得始终。

21. 国碑记忆:雕塑凝固的史记

有风?

起风了。风轻轻柔柔,像母亲的手,那双十指纤纤却为一家人的生计不停劳作的绣花的手。萧传玖的父亲在他的家乡湖南长沙天鹅塘一带是位颇有名气的书法家,平素以卖字为生,长沙许多大商铺的招牌均出自他手。母亲秀外慧中,知书达理。萧家的日子虽称不上富裕,却也衣食无忧。萧传玖三岁那年,随着父亲的病逝,一家人的生活境况急转直下,陷入困境。女人本弱,为母则刚。柔弱的萧母靠一双巧手针织刺绣,硬生生扛起了全家人的生活重担。12岁那年,萧传玖考入长沙妙高峰中学。初中毕业时,萧传玖的美术天赋已经逐渐显露,他想继续读书,想学画画,想当一名艺术家。但他一想到贫寒的家境,一想到没日没夜、点灯熬油劳作的母亲,萧传玖几次话到嘴边又咽下。

知儿莫若母啊,眼见着儿子越来越沉默,萧母心如刀割。恰好此时,邻居家来了一位在上海当小学美术教员的亲戚,他看了萧传玖画的画,虽无任何的基础与师承,却已然画得有模有样。他向萧母建议让萧传玖去报考国立杭州艺术专科学校,如果能考上公费生,既圆了孩子的艺术梦,也为家庭减少了开支。他还再三向萧母保证,如果萧传玖考不上,他负责再介绍萧传玖到苏州去当小学教员。

萧母给儿子收拾了简单的行囊，穷家富路，把家里所有的积蓄拿出来给萧传玖做路费盘缠。临行之际，母亲摘下从娘家出嫁时就戴着的一副金耳环，放在萧传玖的手心里。“去吧！”母亲用手轻轻柔柔抚摸着他的脸颊，眼中闪烁着不舍的泪花。

有水？

下雨了。萧传玖舔舔嘴唇，这雨竟然是甜的，味同甘露，这滋味有点熟悉，像什么呢？像杭州老字号糕饼店颐香斋的茶水一样甘甜芳馨。

那天，邻居家的亲戚将萧传玖带到了颐香斋。老板见萧传玖长得眉清目秀，言谈举止很是得体，人又有志气，打心眼里中意这个后生，便留他住在店堂的账房里。几天后，萧传玖参加了国立杭州艺术专科学校的考试。公布成绩时，不出所料，萧传玖榜上有名。萧传玖欣喜万分，颐香斋老板深以为荣，待萧传玖更加客气，不但让他一直在“颐香斋”住到开学，还拿出一笔钱相赠。16年后，萧传玖衣锦还乡，带着妻子专程去拜谢当年雪中送炭的颐香斋老板。老字号的糕饼依然香甜，吃饼喝茶，茶自然也是好茶。

雨势大了一些，这一次，萧传玖从雨水中品咂出了汗水的滋味。能够进入国立杭州艺术专科学校学习，萧传玖振奋不已，但现实生活的压力也不容小觑。当时，艺专对成绩优秀而家境困难的学生设有奖学金，规定前三名可免学费。萧传玖给自己立下的规矩就是每学期的成绩必须在前三名。这一点，他做到了。可生活费依然没有着落。一日三餐的问题，只能通过勤工俭学来解决。实在没钱交伙食费时，就只能忍着挨着。原本萧传玖的志向是学习油画，但学画所需的纸张、画布、颜料等用具，开销实在太大，萧传玖无力承担，退而求其次，选择了几乎零成本的雕塑专业，师从刘开渠。

1932年，萧传玖参加了“木铃木刻研究会”。研究会由一群进步学生发起成立，主要创作揭露当时社会腐败制度和国民党官僚丑恶本质、鼓舞人民斗志的木刻作品。萧传玖作为创作骨干，风头一时无两，很快就引起了当局的密切关注，甚至被列入危险分子名单。形势严峻，萧传玖不得已离开杭州，暂避上海，受同学之托为其叔叔创作肖像，用所得酬劳买了一张廉价船票，东渡日本避难兼求学。

1933年，到日本东京后不久，萧传玖便考入日本大学。在日本的求学生活并不比在国内轻松多少，学习永远不是问题，无论在中国还是在日本，萧传玖的艺术造诣都是同窗里出类拔萃的。最难的永远是生活，居无定所，食无定时，一度仅靠红薯果腹。后来，萧传玖穷得连红薯也买不起了，不得不给国立杭州艺术专科学校的老同学写信求援，在昔日同窗的接济下，总算渡过了难关。

唉！那时候的日子真是苦哟，却为何在这样的夜晚回忆起来居然有一丝丝的甜？

有光？

一道闪电照亮暗夜的脸皮，将萧传玖置身于高光之下，只可惜，转瞬即逝。

太亮了！他已经不习惯光明，索性闭上眼睛。

这样的人生高光时刻，在萧传玖的生命里曾经有过许多次，是留学日本期间连续两次参加东京“二科”美展并获奖吗？是获得导师著名肖像画家藤岛武二和著名雕刻家渡边义之的青睐吗？是24岁就受聘于上海新华艺术专科学校任教吗？是27岁就在湖南创作了大型浮雕《前方抗战，后方生产》吗？是被派往朝鲜设计志愿军烈士陵园纪念碑吗？是出席全国文学艺术工作者第三次代表大会，被选为中国美术家协会理事吗？是浙江美术家协会成立，当选为副主席吗？

都不是。在萧传玖的人生辞典里，唯一被他自己认可的是参与人民英雄纪念碑浮雕《南昌起义》部分的创作经历。昔日的恩师刘开渠一声召唤，萧传玖迅速到岗到位，他做的第一项案头准备工作就是认真学习近现代史，实地采风，访问曾经亲身经历过的老同志，研究南昌起义的过程和历史意义。周恩来、贺龙、叶挺、朱德、刘伯承等领导的北伐军3万多人，在江西南昌举行起义，向国民党反动派打响了第一枪，是中国共产党独立领导武装革命的开始。这是中国人民解放军建军史上浓墨重彩的一笔，是伟大的历史事件。与萧传玖共同负责《南昌起义》浮雕创作的是画家王式廓。根据王式廓起草的画稿，萧传玖重点刻画了指挥员向战士们宣布起义的瞬间。那个瞬间，最适合展现战士们慷慨，激昂的精神面貌。王式廓的画稿是一个宏大的群众场面，人物众多，结构关系复杂，如何把握构图结构以合理布局成为浮雕的关键环节。每一个人物和细节，萧传玖都反复推敲打磨，最终耗时两年，才把构图确定下来。在此期间，萧传玖多次与王式廓沟通，直到王式廓不胜其扰，举手投降，开着玩笑说："老萧，你想怎么改就怎么改，我没意见；有意见，我也保留意见！"话虽那样说，年长三岁的王式廓依然配合萧传玖一遍又一遍地修改，两个人亲密无间地合作，堪称"黄金搭档"。于是，才有了今天世人眼中的人民英雄纪念碑《南昌起义》的经典浮雕。

抗日战争（1931年9月18日）

夜行船·抗日战争

九一八山河家。十四年、苦难深重。罪行昭昭如何书。宛平城、睡狮沉梦。

兄弟情真成一统。为家国、不言旧痛。携手并肩抵外辱。万山丛、绿纱帐中。

主创者　张松鹤

主雕者　刘志清

夜行船　抗日戰爭

九一八山河冢，十四年苦難深重。罪行昭昭，如何書完？平城睡獅沉夢。兄弟情真成一統。爲家國不言舊痛。攜手並肩抵外辱，萬山叢綠紗帳中。

歲在己亥年秋月書李玉梅詞於京華

翃雨齋　徐翃

翃雨齋

第七章　持续十四年的抗日战争

22. 春节是一场安静的旅行

大年初二，一家三口收拾行囊出门，今年的目的地是北京。

已经越来越习惯在大年初二出门去旅行，从第一年的家人反对，到第二年的沉默以对，再到如今的习惯成自然，如果这一年春节没有去旅行，家人反而会觉得意外。

车行进在路上，内心不断地感恩家人，感念父母的包容与公婆的开明，更为重要的是四位老人的身体康健，才让我们有在春节出门旅行的底气与勇气。

都说生儿肖母，果不其然，已经是高中生的儿子在面临"3+3"的学科选择时，综合考评一路盘点下来，与我当年惊人地重合，于是做出了传统的文科选择。家有文科生，读书与行走便成为一家三口的生活常态，就像专家在煲心灵鸡汤时，笑眯眯地说，心灵与身体，总有一个要在路上。

今年北京之行目的地是故宫和宛平城。启程前，儿子做了番功课。关于故宫，他搜罗到了纪录片《故宫100》，100集的篇幅，每集6分钟的时长，讲述故宫100个空间的故事，透过“看得见”的空间，演绎“看不见”的紫禁城建筑的实用价值和美学价值，足不出户，已经透过影像，跨越地理空间游览了一遍。

为何要逛故宫，因为要瞻仰人民英雄纪念碑。离得远，方能窥见其全貌。正所谓，手把秧苗插满田，退步原来是向前。从2015年6月13日，也就是第十个中国文化遗产日开始，故宫实行每日限流8万人次，以刚性措施来保证故宫的安全以及观众的安全。

故宫，天地之间，至大无外。有容乃大、五凤朝天的午门，四面玲珑的角楼，金水河上金水桥，玉带天河，太和门前的威猛铜狮，太和殿广场上的地砖曾被多少人踩踏过呢？太和殿、中和殿、保和殿、乾清宫、交泰殿、坤宁宫……殿堂连着殿堂，宫门挨着宫门，沿着王者中轴的御道前行复前行，感受前殿后宫，体味前国后家。一个个形迹匆匆的游客，俯仰之间，以今人之心去揣度前人之意。不是槛内人，不解其中味。时间，甚至不是物理的，却一直在冲刷着每一代的生命。这样由清晰到隐藏的过程中，高贵与卑微在逐渐褪色，时间却越来越清晰，但那些真实存在过的情感，确实驱散了生命中的孤单。

从北面的神武门出故宫，沿护城河慢步缓行，河面结了一层薄薄的冰，天气回暖，棉白色的冰面开裂出一汪如镜清水，西北角的玲珑角楼揽镜自照，不摇不动，不言不语，静静地观照自己的倒影，照见五蕴皆空。

进宛平城之前，我们先去了卢沟桥，淅淅沥沥的小雨开始飘洒。家有中学生，从2017年春，儿子拿到新发的教科书，便与我们讨论他《思想与品德》课本里的小变化。“8年抗战”改为了“14年抗战”。原来的“8年抗战”指的是从1937年七七事变后开始的全国性抗战，修改之后的“14年抗战”则更加强调中国人民抗战的整体性，是对从九一八事变到七七事变期间，中国人民进行的东北义勇军抗战、淞沪抗战、热河长城抗战、察哈尔民众抗日同盟军抗战、东北抗日联军抗战、热河抗日救国军抗战、绥远抗战等一系列大规模抗日斗争的肯定和尊重，是为了突出中国人民抗日战争在世界反法西斯战争中的地位和作用。

“为什么要改？”“为什么现在才改？”

少年人总是对世界抱有无穷的好奇，肚子里永远装着十万个饥饿的“为什么”，嗷嗷待哺。

“一句两句说不清，等你长大了，自己去寻找答案吧！”这样的敷衍，会刺激他盼望着长大吧！

卢沟桥畔，宛平城内，中国人民抗日战争纪念馆，这座全面反映中国人民抗日战争历史的大型综合性专题纪念馆，会给少年一个满意的答案吗？

天下艰难际，时势造英雄。在14年反抗日本军国主义侵略特别是8年全面抗战的艰苦岁月中，全体中华儿女万众一心、众志成城，凝聚起抵御外侮、救亡图存的共同意志，谱写了感天动地、气壮山河的壮丽史诗。无论是正面战场还是敌后战场，无论是直接参战还是后方支援，所有投身中国人民抗日战争中的人，都是英雄。

卢沟桥上，501头狮子安坐在永定河桥头，在雨中静静地看着人流、河流，不生不灭，不增不减。

23. 黄河口，青纱帐

那一天，我突发奇想，欲将《国碑》写小人物抗战的故事，定格在爷爷身上时，禁不住心里一阵狂跳，惴惴不安，久久难抑。微信请示老师，妥当否？

老师当即复我，有何不可？这是一个民族的抗战，人民英雄纪念碑抗日战争的浮雕上本就有青纱帐，有头裹白毛巾持枪的民兵，伟人可入正史，小人物亦可长歌当哭。

爷爷离我最近，亦离我最远，此时他早已人在黄泉，抑或魂魄依旧在青纱帐中巡弋。

在我的眼前，渐成一片冥冥。

屋里一片漆黑，尤其是刚进门的时候，等到适应了，才能依稀分辨出哪是哪，谁是谁。

这里是李风岐的家。1943年，这个已经31岁的鲁北汉子还没有结婚成家，他行三，上面曾经有两个哥哥。那一年，一场瘟疫席卷全村，兄弟三人脚跟脚地都染上了急症，高烧不退，上吐下泻。全村几乎家家都有个把病人，村里赵郎中家的草药都卖空了。病急乱投医，连“神仙符水”也灌了，最终只有李风岐一人幸免于难。大哥18岁、二哥16岁，都还没有成家立业，就被瘟疫夺去了性命。未成年的半大孩子不能入祖坟，爹娘找了个地方将两个孩子草草掩埋。那段日子，村里的哭声此起彼伏，村子周围添了一座又一座新坟。

不是李风岐不想娶妻生子，而是家徒四壁，连吃饭都成问题，一家人眼瞅着就揭不开锅了。爹娘老了，一时半会儿也没有能力给他筹划亲事。家里的情形，李风岐一清二楚，他其实一点也不放在心上，因为他有更重要的事情要去做。从他举起右手跟着介绍人一字一句地念出“牺牲个人，努力革命，阶级斗争，服从组织，严守秘密，永不叛党”誓言的那一刻起，他已然是我将无我。

1943年6月的这天晚上，清河区广北县十区武王村仅有的几名党员在李风岐家中秘密集会，夜色是最好的掩护。他们一致推举李风岐，这位年轻的党员担任村里的党支部书记。

年少时的那场大瘟疫，李风岐虽然侥幸逃脱，却也留下了后遗症。他说话含混不清，还带有一点轻微的口吃，情绪一激动，更是说话不成溜。黑暗中，同志们看不到他涨红的脸，但从他磕磕巴巴的语气里明显感受到他的兴奋和激动。无论是同志们还是他自己，都知道他即将面临一场巨大的考验。

这场大考验是有征兆的。1943年初，经过日军的连续“扫荡”和“蚕食”，清河军区的清东、清中、清西三个军分区在小清河南的根据地，已被敌人“蚕食”80%以上，敌人在黄河口地区修建了360多处据点和岗楼，挖了750多公里的封锁沟。

层层封锁之外，仍然有一片相对安宁的乐土：渤海垦区。垦区地处黄河入海口处，东临渤海，南接广饶，北通沾化县义和庄、套儿河口。地势平坦，纵横百余里的荆条林、芦苇荡连接着海滨，一片绿色的汪洋，形成了一道天然的屏障。垦区成为当时清河区的唯一后方。清河军区后勤处、清河公署医院、北海银行、清河区党委群众报社以及纺织厂、被服厂等后方机关单位，分驻在垦区的各个村子里。

1943年9月10日，山东省军区向清河军区发出指示：“战役性的反‘蚕食’斗争应暂告一段落，要分散配合地方工作，巩固胜利，以隐蔽斗争为主。加强政治攻势，准备反‘扫荡’。”

清河军区在夏季反“蚕食”战役结束后，原本打算休整两个月。11月9日，日军开始频繁从临沂、蒙阴、莱芜、临朐、沂水等地调动部队，但在益都、张店集结完成后却按兵不动。种种迹象表明，日军有“扫荡”清河区的企图。

9天之后，11月18日，华北派遣军司令冈村宁次亲自策划，调集了日军第32师团、59师团、独立第7混成旅团、独立第9混成旅团、骑兵第4旅团各一部和伪治安军21、22、24、27四个团，共计

26000人。由日军第12军军团长喜多诚一中将坐镇张店督战，独立第7混成旅团旅团长秋山义隆少将在利津城任前线总指挥，配以飞机12架、汽车千余辆、军舰2艘、汽艇12艘，采用长途奔袭、分进合击、拉网合围的办法，对清河区进行了空前残酷的“大扫荡”。

彼时，清河军区司令部机关和主力部队驻扎在培李、木李、北隋、牛庄一带。11月18日拂晓前，敌人以骑兵为前驱，向清河军区主力部队包围过来。时任清河军区司令员的杨国夫命令直属团三营阻击敌人，司令部和主力部队利用抗日沟，在敌人合围前跳出了包围圈，迅速转移到沙营、六户、辛镇一带，距离武王村只有七八里地。

当天下午，日军追击至沙营、六户、辛镇一带，并与另一股日军会合，完成了对沙营、六户的包围。司令员杨国夫与政委景晓村等人商议后决定，原地坚守，坚持到天黑后再突围。在此期间，他们连续打退了日军第4旅团骑兵的两次进攻。天黑以后，大部队趁着夜色突出重围，随即化整为零，分散行动。司令员杨国夫与政委景晓村率领一部兵力，采用“翻边战术”，向西面敌人后方转移，从后方打击敌人；直属团团长郑大林带主力一部向北突围到朱家屋子一带；军区副政委刘其人与政治部主任徐斌洲带领军区机关一部和直属团一个营转移到八大组一带，坚持内线作战；军区参谋长袁也烈带重机枪连、迫击炮连在广北与敌人周旋，并指挥军区侦察队和民兵开展地雷战，拖住敌人，减轻后方的压力。

坚持内线作战的部队，在县、区武装和民兵的配合下，运用地雷战、麻雀战，袭扰敌人，打得敌人昼夜不安，草木皆兵。早已跳出包围圈并且转到敌人身后的主力部队，在当地武工队配合下，从广饶、博兴、蒲台、沾化等县积极进行外线出击，打据点、摸岗楼，牵制了敌人对清河区根据地的“扫荡”。

从1943年11月18日到12月8日，在21天的时间里，清河军区与敌军作战230次，毙伤日伪军600余人，在内外夹击下，日军终于在12月8日狼狈撤退。

这就是载入黄河口抗战史的“二十一天反‘扫荡’”。

整个周末，我都在做着李风歧有没有参与“二十一天反‘扫荡’”的考证。《广饶县志》《东营区志》《六户镇志》，我在三本厚厚的志书里检索着：李风歧，1912年出生，从1943年6月到1976年底，先后四次担任武王村党支部书记，跨度从抗日战争、解放战争、“整风反右”到“文化大革命”。我最感兴趣的是他第一次任职的时间，1943年6月至1944年1月，恰好是经历了“二十一天反‘扫荡’”的时间段。志书里，只有横平竖直的图表，清晰明确的时间节点，没有故事，没有温度，我能从中追溯到什么呢？

翻阅志书、查找历史资料的同时，我也在做电话采访。第一个电话打给了出生在1951年的父亲，我的父亲。

“老爸，我想听听爷爷的故事，你给我讲讲吧……”

是的，李风歧就是我的爷爷，亲爷爷，我的身体里流淌着他四分之一的血液。

爷爷33岁的时候，抗战胜利了。那一年，爷爷娶了奶奶，有了自己的家，然后有六个女儿，一个儿子。父亲和姑姑们的回忆再加上我自己断断续续的记忆，这些记忆在我脑海中一句一句地拼接，一幅一幅地生成，再由黑白逐渐晕染上色彩，然后开始鲜活生动起来。

老家屋后有一块大石头，小时候的我就喜欢坐在上面，呆呆地看着路口，等爷爷回家。那时候爷爷经常要步行四五里路去公社开会。我等啊等啊，望眼欲穿地等，终于等到远远的村头晃来一个用白毛巾扎着包头的身影，二话不说，撒开小短腿就跑向那熟悉的身影，一边跑一边喊："爷爷……爷爷……"看似久别重逢，实际上是早上给我穿衣洗脸的人。爷爷看到我跑，他也会迎着我跑，一边跑一边大声喊着我的乳名："玉啊……玉啊……慢……慢……慢着点！"爷爷口吃，他越是着急，口吃越是严重。我跑到爷爷跟前，小短腿就不管用了，基本处于瘫软状态："爷爷，骑大马！"爷爷会顺从地蹲下身来，让我沿着他的脊背爬上肩膀，然后再慢慢地起身，驮着我，雄赳赳气昂昂地回家。被爷爷驮回家是我的专利，也是我的骄傲，反正爷爷到家放下我，任凭弟弟再羡慕也不会驮他。长大之后才明白，即便是小孩子，身量小，体重轻，但爷爷毕竟是60多岁的人，再开上一上午的会，走上四五里路，爷爷其实是很累的。晚上家里也常常会围拢来很多人，拉呱的，闲谈的，只要有爷爷在场，我肯定不会乖乖上炕睡觉，一定会赖在爷爷怀里，眨巴着眼睛，竖着耳朵听他们说话，困得像只啄米的小鸡，索性就蜷缩在爷爷怀里睡去。让爷爷抱着睡也是我的专利，若是爷爷抱着弟弟，我一定会撒泼打滚，闹得一屋子人不得安生。

老家的院子里有一棵老槐树，树干很粗，小小的我抱不过来。槐花很香很甜很好吃，邻居家的翠花拿着槐花枝子撸着吃，就给了我一小朵，我就着迷了，迷上了它的甜津津的味道。抬头望天，香喷喷的槐花就覆盖在西屋的房顶上，把一大棵粗壮的槐树满满地遮住了，馋得我眼珠子骨碌碌地转。趁着大人忙乱的空当，搬个小板凳，爬上鸡窝，顺着鸡窝再上矮墙头，沿着墙头再上西屋的房顶，再小心地迂回到香甜的槐花前，大快朵颐，乐不可支。终于，大人们发现了我，爷爷像只灵敏的长臂猿"噌噌噌"就从地面上到了房顶，把我夹在胳肢窝里从房顶运下来。父亲从爷爷胳肢窝里把我抢过去，等爷爷反应过来，我已经被劈头盖脸暴打了一顿。爷爷冲上去照着父亲的屁股就是一脚，踢得很结实："这么小的孩子，打坏了，算谁的？""一个闺女家，上墙爬屋，翻了天了！""少说两句，孩子就是想吃个鲜，她不上墙爬屋，你们倒是给她摘啊！"爷爷暴怒的时候说话是不口吃的。被吓蒙了的我，这个时候才想起来要哭："爷爷！"一个猛子扎进爷爷厚实的怀抱，抽抽搭搭地哭了个够。一阵清香，爷爷像变魔术一样给了我一串槐花。我抓起来就往嘴里塞。爷爷说："少吃点，吃多了，头疼。"可我不管、不听，只管吃。爷爷拎起一大串槐花，说："玉像槐花一样俊！"

爷爷不是大英雄，他没有光辉的永流传的事迹，我只知道他是我爷爷。今天之前，除了他是我爷爷这层亲情认知之外，我对他的历史和经历几乎一无所知。父亲、姑姑们的记忆里，他是严肃的，不苟言笑的老顽固；我的记忆里他是个一身烟味、无论我如何作妖都能容忍的好爷爷。在我五岁那年，槐香馥郁的时节，觉得我像槐花一样俊的爷爷走了，带着他的故事。自此之后，原本口齿伶俐的我开始变得口吃起来，直到今天。口吃，是我与爷爷的最亲密的链接，也是唯一的链接。如今，村里爷爷的同龄人一个也不在了，已经轮到父亲这一辈的人开始陆续凋零。每个人都有故事，只不过有的人的故事人尽皆知，而大多数人的故事消散在了时间的长河里，成为不可言说、无法复原的秘密。

那场由日本军国主义发起的战争，硝烟肇始于白山黑水，而后席卷整个中华大地，无论是繁华的都市，还是偏僻的乡村，战争的大背景下，没有一寸乐土。日本侵略者杀光烧光抢光，惨绝人寰，泯灭人性。他们残暴的铁蹄践踏之处，一片哀号与焦土，血气方刚的共产党员李风歧怎能袖手旁观？没有一个人能脱离时代独立存在。李风歧，我的爷爷，他的的确确经历了黄河口烽火抗战，用他自己的方式。他不是主角，头上没有光环，他只是一个小人物，虽不起眼，却真真实实地存在过。“二十一天反‘扫荡’”之后，爷爷又多次担任村党支部书记，他的一生与时代紧密咬合，既有波浪式前进，又有螺旋式上升，直到死神敲门的1979年初夏。

黄河携泥裹沙，滚滚向东入海流，河海相融处日夜滋生着新淤地。于是，我的家乡，黄河入海口便地广人稀，环视芄野，满眼尽是大片大片望不到边际的土地。生于斯，长于斯，半个世纪之前的黄河口与今天的黄河口早已不可同日而语，变化虽多，但依然有不变之处，不变的是那片茂盛的一眼望不到边的绿色。那片绿有个很美的名字，叫青纱帐。那是爷爷曾经战斗和工作过的地方，也是今天吸引我深情凝望的所在。

24. 青山依旧在

铁马冰河入梦来，小人物的抗战故事，又岂止我的爷爷李风歧。

“小五！小五！”

声音长了腿，自己会跑。一声声呼唤时而来自缥缈的河雾深处，时而又出自一团漆黑，是真的黑，伸手不见五指的那种。明明自己就在这里，就站在一团光晕里，为何声音的主人看不到自己呢？杨珍娣很着急，着急死了，急哭了。她想回应一声：“我在这里！我在这里啊！”喉咙像板结的大地，强直性坚硬，一丝水润都没有，她发不出一丝声响。她想扑进那片河雾，也想追随那团黑暗而去，但身体也是僵硬的，像被施了定身咒一般。

“小五！小五！”

声音远去了，越来越远，几不可闻。

杨珍娣的心碎了，她能感觉到那种一点点碎裂的疼。真疼啊！绝望是最好的动力。她集中全部的意念，喊出了心底的牵挂："杨大哥！"

梦醒了。杨珍娣茫然四顾，四下无人，只有她自己。明明是她在找他，回回在梦中却是他在找她。

你到底去了哪里？你还回来吗？不是说好要回来娶我的吗？我在等你呢，你倒是说句话啊！即便是在梦里，你别老是"小五小五"地叫魂，你倒是跟我说句话啊！你倒是来个信啊！

杨珍娣号啕大哭。

隔壁父母屋里的灯点着了，旋即又熄灭。黑暗中，传来一记重重的叹息。那是父亲杨永寿被女儿的哭声悲醒了。"唤！悔不当初啊，早知道不应下这门亲，不就没这些糟心事了嘛。杨连长啊，你在哪里啊！是死是活，好歹来个信啊！这小五的下半辈子可怎么好哦！"

"孩他妈，不能再这么下去了。明天一早，再劝劝孩子，嫁人吧！"

第一次听到"滇西女子与远征军官的爱情故事"是在保山采访期间。那天吃午饭的时候，保山市文化产业发展领导小组办公室的杨杰坤主任给我们讲了一个故事：一位远征军连长与怒江边的一个姑娘相爱，上战场前，连长许诺打完仗就回来迎娶姑娘。但是很不幸，连长牺牲在了战场上，临死前他嘱托战友替他照顾姑娘。战友因为种种原因没有回到祖国，而是辗转去了新加坡，没有把连长牺牲的消息告知姑娘。姑娘终身未嫁。后来，她娘收养了一个孩子，孩子盖新房，让她下山一起居住，她不肯。因为老屋的门正对着松山的方向，可以时时遥望松山，就像《边城》里的翠翠，她要等的那个人也许永远不回来了，也许明天就回来。

杨杰坤的故事，让原本沸腾的餐桌瞬间冷却下来。大家低头不语，用各自的方式消化、消解内心奔腾涌翻的情绪。我用纸巾悄悄拭去眼角的泪珠，追问故事的下文。

“这个姑娘是哪里人？详细的资料你们掌握吗？后来呢？”

杨杰坤说，他是听电视台的一个记者转述的，后来连长的战友找到了那个姑娘，曾经美丽的少女已经变成了白发老妪。当时电视台的记者跟着去采访了。

“那电视台的影像资料可以帮我们拷贝一份吗？”

“应该可以的。”杨杰坤答应会尽快帮我们联系。

回到北京，一个月后，杨杰坤在微信上发来四张图片。将图片上的文字部分转换成文本文档，才500多字。另外，杨杰坤说视频资料他没有找到。

这份资料整理如下：

杨小五（又名杨珍娣，现名杨菊兰）出生在怒江东岸的一个叫乌木囊五里凹的小寨。父亲叫杨永寿。1942年，滇西抗战爆发后，日本侵略者被中国远征军堵在怒江以西，五里凹与怒江相距仅1500米。1942年7月，中国远征军71军87师的一个高射炮连进驻五里凹镇守江防。连长杨天驰与连部一起就住进杨永寿家。当时,杨小五仅有15岁。

高射炮连连长杨天驰在杨永寿家一住就是一年多。天长日久,杨天驰喜欢上了杨小五。1944年5月10日,杨天驰向杨永寿提出:“把小五留给我吧。等把日本侵略者赶出国门,我一定回来娶小五。”

1944年5月11日,高射炮连随大部队渡江,开始了滇西大反攻。临走时杨天驰对小五说:“小五,等我啊!我一定回来娶你。”

然而,天有不测之云,人有不幸之灾。杨天驰在攻打龙陵时光荣捐躯。杨小五一等就是十年,直到中华人民共和国成立后才被父母做主嫁到太平镇的中寨。

可是,天助有缘人。50多年后的一天,一位马来西亚华侨和云南“二战史”专家戈叔亚先生与市县相关人员走进了中寨杨菊兰(杨小五后来改名为杨菊兰)家。于是便有了以下的书信来往。

资料中提及的书信是一张照片,字迹模糊,图片放大后,字迹更加模糊,内容根本无法看清。还有一张照片是杨天驰的战友、副连长姚天平,为记住连长杨天驰的遗言,姚天平改名“姚拓”。

杨杰坤发来的资料与他之前讲述的故事有冲突的地方,比如杨小五到底是一生等待连长回来呢，还是后来由父母做主嫁人了？杨杰坤说施甸县文化馆的张学斌手头还有一部分资料，可以联系他，然后给我提供了一个电话号码。很快，张学斌就给我们提供了一份文字材料。内容整理如下：

滇西抗战，在滇西人民心中是一段难忘的历史，尽管岁月流走，这场反侵略战争在这块土地上留下的动人故事却让人难以割舍，特别是在血与火中诞生的杨珍娣、杨菊英两位普通女性身上的爱情故事感人至深。她们的爱超越了男女之间的感情，它的伟大之处在于，圆满的结局并非局限于洞房花烛和白头偕老，而是一种精神的结合，哪怕是漫长的等待，心中留住的永远是当初的那份美。鹰飞过留下蓝天，风吹过留下山冈，相爱过留下真情。

杨珍娣，现年80岁，施甸县等子乡五里洼人，现居住在太平乡柳树水村中寨。1942年滇西抗战爆发，惠通桥一炸，把日本侵略者拒之怒江西岸，中国远征军在怒江东岸严阵以待，反攻龙陵松山守敌。为加强沿江防御，中国远征军某连进驻五里洼。五里洼是一个山清水秀的小山村，小村不大，村前的山坳里有一个大池塘。远征军某连连长杨天池及连部就住进了杨珍娣家。杨珍娣的父亲叫杨永寿。经过长时间的相处后，杨天池连长向杨永寿老人提了亲，杨永寿便把年仅17岁的杨珍娣许配给了杨天池连长。

杨天池连长和杨珍娣从此相爱了,消息不胫而走,在五里洼和等子山区一时成为佳话。山里人共同为这对军地恋人祝福,祝福他们早日成亲。

天有不测风云,杨珍娣和杨天池连长相爱后不久,正是滇西抗战反攻松山的时候,军令如山,杨连长接到了抢渡怒江、反攻松山的命令。服从命令是军人的天职,奔赴战场的前夜,杨连长来不及对亲人更多地道别,只是对杨永寿老人说了声,叫老人把杨珍娣留下来,等战争胜利归来时就同杨珍娣完婚。在分手那天,杨珍娣一直把未婚夫杨连长送到了村口的池塘边,杨天池连长一再叮嘱杨珍娣,不管时间有多长都要等着他回来。杨连长随着长长的队伍消失在杨珍娣的视线中。这一走,杨连长把杨珍娣这个山村小姑娘的心带走了。这一次分别竟成了杨珍娣和杨连长永远的道别。

就这样,杨珍娣在朝思暮想中守着一句承诺,一等就等了六年,再也没有见到杨连长的身影,就连一点消息也没有打听到。有人说杨连长在反攻松山时牺牲了,又有人说,他在攻打龙陵时,重伤而死,消息很多,但都不真实,也不确切。在杨珍娣心中一直认为,杨连长没有死,他一定会回来接她的。

直到20世纪90年代,经过50多年后,一封来自马来西亚，从上海辗转寄来寻找杨珍娣的信件送到了滇西，人们才得知杨连长在攻克松山大战中，为国捐躯了。此时的杨珍娣已是年逾七十的古稀老人。寄信人是杨天池所在连队的副连长，名叫姚天平，是杨连长的部下，也是战友，现移居马来西亚，也是一位白发的老人。他在信中告知，杨连长在临终前托付一定要帮他照顾未婚妻杨珍娣。一封信的寻找，竟找了50多年。姚天平副连长在信中这样写道：

"也许有一天我会再回来，看望我的嫂子。来到怒江，来到惠通桥看一看，在松山祭拜我死去的连长和其他战友，为死去的连长和战友祭一杯酒，上一炷香……"

张学斌发来的资料非但没有打消我们的疑虑，反而又增加了几分。前后两份资料中，滇西姑娘的名字一个是杨小五，又名杨珍娣，现名杨菊兰，当时15岁，一个只有一个名字杨珍娣，时年17岁；家乡所在的村寨以及后来所在的村寨也有差别，一个是五里凹，另一个是五里洼；杨连长的名字一个是杨天驰，另一个是杨天池；一个有明确的部队番号，一个只用了某连；一个说姑娘等了十年，另一个说等了六年；一个说由父亲做主嫁了人，另一个没有提及婚姻状况。

眼前一团迷雾，心烦意乱，到底有多少真相无声无息地湮没在了历史的长河里？

书稿写到此，暂时卡壳了。日有所思夜有所梦，在梦里，我看到了杨小五的梦境。那是一个面如满月犹白、眼比秋水还清的姑娘。梦里的小五不说话，她看着我，满眼都是话。

大脑像一座复活了的梦境活火山，喷发得异常凶猛，噩梦、绮梦、幻梦接踵而至，清晰得如同看电视连续剧。那段时间，我睡得很浅，经常是一梦惊醒，然后再也无法入睡。睡不着的时候，躺在床上烙饼并不是什么好滋味，索性起来工作。重新敛心静气细读手头的两份资料，终于有了新发现，在第一份资料中提及了一个人：戈叔亚。

戈叔亚，滇缅抗战史专家，云南省保山市龙陵县政府特聘的二战历史顾问。他的新浪博客是滇缅战区松山战役最为翔实的综合信息来源。

在戈叔亚的新浪博客上，我找到了《一个中国远征军连长未婚妻的故事》这篇文章。

全文如下：

杨菊兰，是一位可能连县城都没有去过的再普通不过的山区妇女了。如果不是一位海外华人作家的来信，相信没有一个外乡人会知道她的故事。

几年前，居住在马来西亚的姚拓先生看了我在海外报刊上撰写的有关滇西战事的文章，专门给我来信，郑重其事地托付我这样一件事。

“戈先生：

“我是中国远征军新28师84团2营11连的副连长，参加过龙陵战役……

“戈先生，我有一事相求，这是一个我未完成的死去的战友的离别重托，这件事缠绕了我50多年。

“我的战友杨建勤，是10连的连长，他在黄埔军校18期和我是同学。在我军驻守江防（怒江）时，他悄悄地告诉我，他和当地的一个姑娘相爱并征得姑娘父母的同意订了婚。他说如果他在战斗中牺牲，要我一定要照顾这位姑娘。并详细地说了她的名字和地址。

“在龙陵战役中，杨连长牺牲了。不久，我也负了重伤，马上被转移到保山医院。战斗结束后，部队调防他地……战后这些年来，别说到当地寻找她，就连通信联系的可能性都没有。现在年纪大了……”

姚老先生在信中告诉我，这位姑娘的名字叫杨老五，她家有五个女孩子，就数老五最漂亮。家住怒江东岸、滇缅公路以南不远的一个叫作“五里凹”的小村子。同时详细画了一幅地图。

这位老先生最后说，从内心讲，他不是不愿意来滇西，而是根本“不敢”来，因为他的好朋友、好战友差不多都牺牲在这块土地上了。这封信都是流着眼泪才写完的。

由于不知道具体的县区乡，我知道是无法通信询问的。

……

1995年，我参加云南电视台一部纪念抗日战争胜利50周年的电视片制作。我鼓动郝晓源导演驱车去“五里凹”，找寻姚老先生称呼的这位“杨老五小姐”。

我们按照老先生绘制的地图在怒江东岸一个叫“老鲁田”的地方打听，没想到人人都知道“五里凹”。等到了那里，我们被里三层外三层的人围着，但他们就是不肯说杨老五本人和她的家。他们用疑惑的目光看着我们。

“你们要找的杨老五搬走了。”一个中年人冷冷地说。

杨老五的大名叫杨菊兰，远征军反攻怒江不久，有人就告诉她：“你的杨连长骑着大马在松山被日本人打死了。”她不相信，因为杨连长说好了一定来接她的。她就等着，整整等了十年才结婚。但是不久丈夫又因病去世。从此，人们说老五“克夫”。据说她曾经有过一个孩子，但是幼年夭折。如今，听说她和她的养子一家住在太平乡柳树水村中寨一社(施甸县)。距离这里有“好几十里”。老五走了以后从来都没有回来过。

汽车在怒江东岸滇缅公路以北的乡间小道上艰难地行驶，我想着“人活在世上到底为了什么”这样一个实在是无聊而又透着俗气的问题。

这个村落坐落在没有任何过渡就拔地而起的一座大荒山的中部，四周是比村寨大不了多少的玉米地。我想人们就在这与世隔绝、与世无争的小天地里生老病死、自生自灭。哪里容得了曾经和“骑着大马的‘国民党军官’”相好的老五?

但是我想错了。当热情的乡亲们簇拥着我们来到一座庭院的大门口时,迎面撞上了一个一边在围裙上擦着做活计留下的泥水、一面跑出来迎接客人的妇女。她开朗大方,额头眼角的皱纹仍掩饰不住早年的秀气。当看到仿佛是新式武器的摄像机对着她时,着实把她吓了一大跳,像小姑娘一样躲到了门后。

采访在欢乐轻松的气氛中进行,挤满屋子的村里人都用羡慕的目光看着他们的“杨大妈”。老五的养子和他的妻子都是老实忠厚的人,她的孙子也显得活泼灵气。在这样的场合里,肯定是听不到老五的什么“隐私”的。不过我们都感到非常满足,因为老五好像过得很好!

老五15岁的孙子送了我们一程又一程,我不知道是什么使这里的人们可以接纳老五这个“有历史问题”而又“克夫”的外乡人?

小孙子告诉我:这里的老人都经历过战争。山头上至今还遗留着当年“守江防”的远征军构筑的炮兵阵地。

他指着世世代代压着他们的那座大山的山头对我说。

后记：

今年4月份，姚先生让我把一笔美元换成人民币寄给老五。他说他寄过美元被退了回去。他把他的回忆录中有关杨连长和杨老五的那一章寄给了我，并要我陪他去看望老五和故战场。

“老了，再不去就没有机会了！”

这就是“滇西女子与远征军官的爱情故事”。这样的故事，在那个年代，不是一个、两个、三个，而是无数个吧。望夫崖上多悲歌，将士远去，闺门守望，一年又一年。这样的等待，有几人梦圆？

这支英勇的部队，为中国成为第二次世界大战战胜国写下了重要的一笔。“中国远征军反攻缅北、滇西作战的胜利，具有重要的意义和影响。它不仅打通了中国西南国际交通线，把日军赶出了中国西南大门，支援了国内正面战场的作战，鼓舞了全国人民的抗战斗志，而且沉重打击了侵缅日军，为盟军收复缅甸创造了有利条件，并减轻了盟军在印缅地区和太平洋地区的压力，有力支援和配合了盟军的对日作战及东南亚人民的抗日斗争。”

青山依旧在，几度夕阳红。百年多少事，俱在笑谈中。

25. 国碑记忆：唯慕英雄画英雄

东莞之行，我踏访《虎门销烟》之后，便赶往了清溪镇，那是人民英雄纪念碑浮雕《抗日游击战》主创雕塑家张松鹤的故乡。

一个岭南人，要将广袤的青纱帐里的抗战英烈镌刻成一幅不朽的浮雕，需要打通南北方的艺术任督二脉，这里边要走的艺术之路究竟有多远，我无法丈量。可是在清溪镇，我寻找到了张松鹤艺术生命的开始。

1912年10月10日，清溪镇柏朗村张家喜添麟儿，父母既喜又忧。喜的是生了儿子，张家后继有人；忧的是苦寒之家，家徒四壁，朝不保夕的日子怎么养活他。这个婴儿就是张松鹤。因为家贫，无法供养小松鹤在适龄阶段进学堂读书接受教育，张松鹤直到17岁才念完了小学。1930年春，18岁的张松鹤到广州同洲美术馆学画炭像，同时上中学夜校补习文化。同年秋，考入广州市立美术专科学校西洋画系。

一天，张松鹤在广州中山公园看雕塑，其中部分作品是康有为、梁启超等人从西方引进的。他被栩栩如生的雕塑作品深深震撼着，他觉得立体感强的雕塑比绘画艺术更吸引他。回到学校后，他向老师请教关于雕塑艺术的问题。老师告诉他，坚硬的雕塑作品比画在纸上的美术作品更能抵挡得住时间的侵蚀。在那一刻，张松鹤暗下决心，要潜心钻研雕塑，要创作出流传千古的佳作。于是，利用课余时间兼修雕塑。

三年后的初夏，张松鹤以优异成绩从广州市立美术专科学校油画系毕业，同时，兼修的雕塑技艺也达到了一定的水平，遂回到家乡清溪鹿鸣学校任教。一技傍身的张松鹤不但自己生活无忧，还能帮衬家里改善生活。只是好景不长，在鹿鸣学校做教员不到两年就失业了，生活再次陷入没着没落的境地。一位堂兄看不下去，便介绍张松鹤去了当时的国民党154师，帮他在那里谋了一份编绘抗日宣传漫画的差事。没过多久，张松鹤暂别了雕塑艺术，参了军，转战南北。幼年时遭受的贫困，使张松鹤对生活的残酷有着深刻的体会，成年后亲身历经的抗战生涯，则为他日后战争题材雕塑的创作积累了素材。

清溪革命烈士纪念碑已在前方，一个台阶一个台阶地计数，慢慢地接近崇高。正面是碑文，三面为浮雕。本书写作之旅开始前，无论是在网上搜来的图片，还是购买的相关资料，让我对第七幅《抗日游击战》早已非常熟稔。浮雕上定格的每一位英雄都出自一人之手，张松鹤。

做案头准备工作的过程中，不难发现，参加人民英雄纪念碑浮雕创作的八位主稿雕塑家中，有关张松鹤的资料少之又少。在有限的文字记载中，逐字逐句地发掘，像缜密的考古队员拿着小毛刷，一点一点剔除附着在真相之上的时间尘埃。张松鹤给我一种特别的感觉，他在八位雕塑家中是相对特别的一位艺术家。他在广州市立美术专科学校西洋画系学习过，雕塑技艺为兼修科目，但他是八位雕塑家中唯一真正上过战场，在游击战中转战南北，经受过血与火洗礼的艺术家。在被选入人民英雄纪念碑美工组担任副组长之前，1950年他与画家辛莽、左辉合作绘制了天安门城楼上悬挂的毛泽东巨幅画像。在画毛泽东像的画家中，张松鹤是美术界公认的画得最多、水平最高超的画家之一。在人民英雄纪念碑美工组里，张松鹤是为数不多的来自解放区的革命艺术家，对浮雕题材的理解以及创作思维显然有别于海外归来的留洋派和在大学里教授雕塑艺术的学院派教授们。

与张松鹤一起承担《抗日游击战》浮雕创作的是画家辛莽，与张松鹤一样是来自延安的艺术家。张松鹤的夫人，从中央美术学院雕塑系硕士毕业的陈淑光以助手身份一直陪伴在侧，协助他完成创作。

眼前的清溪革命烈士纪念碑浮雕是当年张松鹤主持雕刻的。浮雕创作思路沿用了人民英雄纪念碑《抗日游击战》的设计思路，即人民英雄与风景画式背景互为表里。当年，这样的创作理念在八幅浮雕中可谓独树一帜。当然，也曾备受质疑。

“老张，你做的布局安排，绘画性太强！”

“老张，主体人物不突出啊！”

“松鹤同志，是不是再考虑考虑，八幅浮雕是一个整体，要讲求统一性嘛！”

张松鹤的浮雕稿《抗日游击战》内容丰富，人民英雄、群山、青松、高粱、谷子……站在画稿前，耳畔响起的是《黄河大合唱》：

风在吼　马在叫

黄河在咆哮　黄河在咆哮

河西山冈万丈高　河东河北高粱熟了

万山丛中抗日英雄真不少

青纱帐里游击健儿逞英豪

端起了土枪洋枪

挥动着大刀长矛

保卫家乡　保卫黄河

保卫华北　保卫全中国

之所以对自己的浮雕稿如此坚持，张松鹤自有他的考量，当年和战友出生入死的一幕幕经常闪现在他的眼前，他要用艺术让这些人民英雄永垂不朽。高粱、谷子，高大的山峰，太行山、长白山，这是游击队依靠的屏障，没有这些天然的掩体，游击战不能取胜。

作为一位来自解放区的革命艺术家，张松鹤坚守着不能离开人民的审美观点。这份底气来自张松鹤抗日战争期间的部队生活，和战友们在一起，和人民在一起，生死与共，鱼水情深。1938年，张松鹤加入了中国共产党，随后就参加了抗日游击队。他在家乡组织清溪抗日自卫大队，被选为大队长。1944年，清溪区抗日民主区政府成立，张松鹤被选为区长，组织和领导清溪人民进行抗日斗争。1946年，他随东江纵队北撤山东烟台解放区，在两广纵队负责绘编《行军画报》《行军快报》。

浮雕稿里，一位老农正从树洞里掏出手榴弹，放入担箕中，这是农民的工具，只有经历过敌后战斗生活的人，才能有这种生动的细节。位于最前列的青纱帐中的战士，正在用手势示意着后面的战友，这正寓意着游击战的隐蔽性与机动性，是“敌进我退，敌驻我扰；敌疲我打，敌退我追”十六字诀的生动体现。所有的人物形象与行为动态皆来源于生活，借由雕塑艺术还原事件与时间，是凝固的不容置疑的真实。

1987年，由张松鹤主创的人民英雄纪念碑《抗日游击战》获首届全国城雕评奖最佳奖。

胜利渡长江（1949年4月23日）

小重山·胜利渡长江

百万雄师过大关。金戈追敌寇，渡江难。独轮车舢板轻船。千秋梦，残日叩青峦。

旧梦断钟山。苍黄风雨间，著新篇。人间正道在民安。东方亮，笑傲有情天。

胜利渡长江（上）
主创者　刘开渠
主雕者　冉景文

欢迎人民解放军（下左一）
主创者　刘开渠
主雕者　刘志杰

支援前线（下左二）
主创者　刘开渠
主雕者　王胜浩、刘东元

小重山　勝利渡長江

百萬雄師過大關金戈追敵寇渡江難獨輪

車舢板輕船千龝業殘日叩青臺舊夢斷

鍾山蒼黃風雨間著新篇人间正道在民安

東方亮笑傲有情天

歲在己亥年秋月書李玉梅

詞於東華劍雨齋徐劍

劍雨齋

第八章 钟山风雨起苍黄

26. 从金山寺驶向新中国

70年前，历史的轮盘转动。东西南北八面风，吹过长江，吹进金陵城，吹动了一张张渡江的风帆。

午饭过后，视午休为命的我一改往日习惯，端坐在电视机前，静候人民海军成立70周年海上阅兵直播。

今天的青岛，今天的黄海，它们在共同为一支英雄的军队庆生。1949年4月23日这一天，它诞生在渡江战役中。

1948年初，人民解放军由战略防御转入战略进攻。国民党部队沿长江部署了几十万军队，包括两个海防舰队、近300艘舰艇，承担主要防御任务的是海防第二舰队，海军上校林遵为舰队司令。

林遵是何许人也？为什么能在彼时彼刻获得蒋介石的信任呢？

林遵是甲午民族英雄林则徐的侄孙，父亲林朝曦曾供职于北洋海军，并参加了甲午中日战争。1924年，19岁的林遵怀抱洗雪甲午之耻的雄心壮志，只身离家开始了他的海军生涯。他先是报考了烟台海军学校，在校期间，结识了中共党员郭寿生，并成为郭寿生创办的进步组织“新海军社”和进步杂志《新海军》的成员与热心读者。这段青年时代的革命友谊影响了林遵的一生。

从海军学校毕业后，林遵先远涉重洋去英国皇家海军学院留学，后又赴德国学习潜艇技术。他像大多数热血青年一样，试图用知识报国，拯救落后的中国海军。他从舰船的枪炮员起步，栉天风，沐海雨，成长为一名海军高级指挥官。在抗日战争中，战功赫赫，一度成为日军的悬赏目标。

人民英雄纪念碑八块浮雕，我沿着历史的脉络依次寻访，在浩渺的史海中圈点勾画，青史留名、精彩绝伦的人物便一个个跳脱出来。自第一块《虎门销烟》始，至最后一块《胜利渡长江》止，一始一终间，是文忠公林则徐与他的侄孙林遵，这是偶然吗？历史没有告诉我答案。

东莞虎门是异乡，

天风海雨笑黄粱。

红尘放逸羁游士，

大道斜阳啸浩茫。

虎门销烟的烟尘已经散去,中国近代史从鸦片战争发端。这里是二祖父林则徐曾经战斗过的地方,站在船头,粤风海韵中,林遵感慨万千。舰队由虎门驶进海南岛榆林港,然后分两路前进,一路继续由林遵率领进驻南沙群岛,另一路由舰队副总指挥姚汝钰率领进驻西沙群岛。彼时,正值中国南海东北风季节,风狂浪大,狂飙天风挟着滂沱海雨,大珠小珠般"叮叮咚咚"捶打着甲板,第一次登岛失败。短暂休整后,舰队又与风浪搏击了两天,方在南沙群岛一个较大的岛上成功登陆。林遵命令士兵将原先日本人立在岛上的石碑拆除,重新将代表中国主权的石碑设置好,命名"太平岛",南沙群岛的另一座岛被命名为"中业岛"。西沙群岛的设置主权碑以及命名工作同样进展顺利,分别为"永兴岛"和"中建岛"。正是因为有了林遵部队的接收仪式,才使得多年之后周遭国家质疑南沙群岛和西沙群岛主权时,中国可以毫无争议地向全世界宣告对南沙群岛、西沙群岛的主权所有。

1948年2月,林遵被任命为海军海防第二舰队司令,驻防长江地区。相较去中国南海接收岛屿时的欣然前往,这一次驻防长江,林遵的心情非常复杂,抗日战争,他可以拼上性命去打,但打自己人他不愿意。江阴至九江段的500公里是林遵驻防的区域,而这恰好是解放军预定的主要渡江地段。很快,"争取林遵起义"被列入中共中央指挥中枢的议事日程。

早在海军学校读书时,林遵和同学们集体加入了国民党,当时的林遵,把拯救中国的希望寄托在国民党身上,但几十年的从戎经历，尤其是九一八事变、西安事变、皖南事变几次重大历史事件的发生，迫使林遵重新审视、评价国民党与共产党，以民族利益为重的中国共产党在他心中的分量越来越重。

共产党这一边，旧日相识的郭寿生接到任务，以“叙旧”为名登上了林遵停在镇江江心的舰艇。故友相见，觥筹交错间互相打探对方的真实意图，直到两个人第三次在金山寺见面，才有了突破性的进展。

金山寺依金山而建，寺庙把山体包裹其中，含裹十方。从远处看，只见寺院，不见山。林遵、郭寿生二人拾级而上，登临金山顶峰，极目远眺，大江水天相连。

这一次，林遵主动向郭寿生交底，慨叹自己目前的状态是“苦海无边”，郭寿生趁机将话题引入起义正题，并且全盘托出自己的来意。郭寿生说：“周恩来副主席让我转告你，希望你能站到人民这边来。”林遵回过身来，向老友伸出双手：“我等的就是你这句话！”

起义事宜开始有条不紊地展开，万事俱备，只待东风号令。

4月22日，林遵突然收到国民党海军总司令桂永清的紧急命令：4月23日拂晓前到海军司令部报到。

桂永清说：“只要林司令到上海，我保荐你升任中将、副总司令。”林遵不动声色，如约前往。桂永清安抚林遵一番，留下一封亲笔信，随即匆匆撤离。

4月23日下午，林遵集合二舰队所有舰长开会。他把桂永清的亲笔信给大家看:"着你率队于23日傍晚驶离南京……务必于23日驶离此地,以免空军误会。"

"这不是丢下我们不管了吗?"

"太不仗义了!"

"净顾着自己逃命,不管我们兄弟的死活!"会议室里一片恐慌和愤怒。

林遵把握住机会,把起义的计划公之于众,有人附和,有人反对。林遵晓之以理动之以情,他希望大家冷静下来,认真考虑一下这支舰队的未来。最终,他建议用投票的方式决定起义与否,结果赞成起义的8票,反对的2票,弃权的6票,起义大局锁定。

也就在这一天,解放军横渡长江,一举攻占南京,国民党政府集体逃遁广州。同一天,华东军区海军在江苏泰州白马庙宣告成立,人民海军从此诞生。

林遵从金山寺驶向了新中国,中国人民海军从白马庙驶向了深蓝。

1977年6月20日,罹患癌症的林遵在病榻上忍受着术后化疗的疼痛折磨,再一次提笔给海军领导和党委写信:"我1949年参加革命后,受到党的关怀、信任、重视和培养,政治思想水平逐步得到提高,世界观逐步得到改造。我深信马列主义、毛泽东思想是真理;中国共产党是伟大的、光荣的、正确的党,只有社会主义才能救中国。我的起义是党指引的,我能获得新生,能够有今天,我的一切都是党给的。我曾数次写信给海军首长和海军党委,提出入党要求。1975年10月，党终于同意了我的申请，允许我填写入党志愿书，但迄今尚未批下。我再次请求海军党委将我的入党问题提上日程，使我在有生之年能够更好地为党、为人民、为人民海军贡献出自己的力量。”

时任海军政治委员的苏振华对林遵的信做出“建议提交常委讨论决定”的批示。

1977年8月16日，海军党委正式批复东海舰队党委“海军党委常委一致同意林遵同志入党，其党龄从1977年8月12日算起”。

1979年7月16日，林遵逝世。“我一生爱海军，爱海洋，又是东海舰队的副司令，坦骨东海，正是死得其所。”

14时30分，激越昂扬的《分列式进行曲》响起，水中蓝鲸蹈海，海面战舰驰骋，空中战鹰呼啸，陆战队员精锐列阵，人民海军成立70周年海上阅兵正式开始……

27. 老百姓是地，老百姓是天

东方欲晓，却不见灿烂阳光。耳朵与铁轨畅聊了一夜，在蒙蒙细雨中抵达了南京。南京对我来说只隔着一场梦的距离，闭上眼睛，再回放一遍昨天晚上离开南昌时的情形，恍惚间仍能听到军歌嘹亮。这是本书写作寻访之旅中第二次星夜兼程，上一段“一梦之遥”是从广州至武昌。

一碗鸭血粉丝汤便熨帖了辘辘饥肠，顿觉神清气爽，幸福无比。其实，我的人生字典里最醒目的两个字是“够了”，小富即安，人生圆满，须知人类不经意间跌落在地上的一粒米，就是蚂蚁一个冬天的幸福。就像疲惫旅途中的这碗鸭血粉丝汤，十几块钱，已然让我觉得拥有了全世界的珍馐美馔。幸福的本源是知足。

雨也不能阻挡我前行的脚步，目标正前方——渡江胜利纪念馆。一条鲜红的横幅横亘眼前，“驶向胜利之舟，开启建国伟业”。雨水让红底更艳丽，白色更纯粹。渡江战役总前委目光平和而又坚毅，俯瞰着从他们脚下鱼贯而入的人。在他们的不远处，是那艘著名的小火轮“京电号”。在渡江战役期间，正是这条船载着第一批解放军先遣部队最先渡过了长江，邓小平、陈毅就是乘坐这艘小火轮抵达中山码头的。

纪念馆里，一位身着职业装的俏丽讲解员正在为三五人做着讲解。下雨天，参观者寥寥，索性跟随他们的参观步伐。细听之下，原来这些参观者并非普通的游客，他们是一个摄制组，专门拍摄革命历史博物馆，献礼中华人民共和国成立70周年。京腔京韵，想必来自首都北京。

一众人在“林遵起义”的专栏前停留了很久，那是一段弃暗投明、从金山寺驶向新中国的遥远记忆，在讲解员的遣词造句里，历史就在眼前，成了当下，变得生动而又鲜活。

但在黄河口，当我去拜访一位叫张玉远的老兵时，他却说自己记不得什么了。这位1929年出生的老兵，1945年8月1日参军，参加过辽沈战役、平津战役、渡江战役、解放海南岛战役，还曾经上过抗美援朝的战场，在此期间参加了五次大规模的战役。他的光辉岁月刻在一枚枚军功章上，被他里三层外三层、大盒套小盒地珍藏着。无论我如何追问渡江战役的往事，老人都说不记得了。

张玉远家门前有一丛盛开的花。远远就看见他坐在门洞里，陪着他的花。他说每天他都会陪着他的花，坐一坐，聊一聊。

老人面对我的提问时，眼光有些闪烁。我知道，在我看来是褪色的遥远记忆，在他心里应该像门口的花一样明艳、清晰。每枚军功章后面都有惨烈的故事，那时的他，正年轻，经历了一场场血色浪漫。墙上有老人不同时代的照片，每一个年代都有一张标准军礼的留影。嵌入身体的记忆，怎会遗忘？

张玉远说那丛花是他赶集时买回种子种下的。他说他不知道花的名字，我大声喊了几遍，他仍然听不清楚。昔日的枪声炮声夺去了张玉远大半的听力。我在纸上写下“锦葵”二字让他看，他说：“我不识字。”

张玉远的儿子张世毅告诉我，父亲1990年1月光荣离休，按照有关规定医疗费全额报销，但是全家没有一个人能用父亲的医保卡去买半片药，因为父亲坚决不允许。“他们这代人就是这个样子！”儿子笑着摇了摇头，不置可否。

同样不置可否的笑也出现在渡江胜利纪念馆的俏丽讲解员

的脸上。摄制组终于完成了他们意欲拍摄的素材遴选,开始收拾家什实拍。也许他们拍摄的视角超出了讲解员之前的预料,才会使得她有这样的表情吧!我倒是更能理解那位女编导,这座闻名遐迩的纪念馆已经被拍摄过无数遍,如何选取全新的切入点,让挑剔的观众眼前一亮,的确是种考验。遂自觉地避开镜头的“势力范围”,远远避开,以免影响他们的工作。

其实来参观渡江胜利纪念馆之前,我抱着特别多的疑问。人民英雄纪念碑浮雕,八个主题。第八个主题“胜利渡长江”除了居中的主体大浮雕之外,还有《支援前线》和《欢迎人民解放军》一左一右两幅小浮雕,为什么要做这样的处理呢?为什么要着重强调这一场战役呢?

在纪念馆翔实的史料中游历了两个小时之后,我想此时此刻,我已经找到了答案。答案就在那浩浩荡荡由解放区老百姓组成的支前大军里,答案就在欢迎解放军进入南京城的一面面彩旗、一张张笑脸里……渡江战役,本质上是一场人民的战役,是人民选择了中国共产党,是人心向背决定了中国共产党的胜利与另一个政党的溃败。南京是中国近代史的缩影,这座城市见证了中华民族的屈辱与抗争。鸦片战争之后,一纸《南京条约》使中国开始沦为半殖民地半封建的境地。辛亥革命后,在这里建立了中华民国。南京大屠杀是中华民族近代史上最黑暗最沉重的一页。1945年,中国战区日本投降签字仪式在南京举行,残暴的侵略者终于向中国人民低下了头颅,抗日战争是中国近代100多年来第一次取得完全胜利的反侵略战争。四年之后的南京，终于，终于迎来了1949年4月的曙光。

打过长江去！解放全中国！

打过长江去！解放全中国！！

打过长江去！解放全中国！！！

1949年4月23日，南京解放。渡江胜利和南京解放是中国近代历史上具有划时代意义的重大事件，也是中国终结黑暗走向光明的重要标志，更为后人留下了一笔宝贵的思想精神财富。南京，这座古老的城池亲历了中华民族的新生。

胜利的消息传来，毛泽东主席即兴赋诗一首。

七律·人民解放军占领南京

钟山风雨起苍黄，百万雄师过大江。

虎踞龙盘今胜昔，天翻地覆慨而慷。

宜将剩勇追穷寇，不可沽名学霸王。

天若有情天亦老，人间正道是沧桑。

你听，好像有人在唱歌！

我听到了，那是《江山》。有一位老人曾经说过，人民就是江山，江山就是人民。

打天下　坐江山

一心为了老百姓的苦乐酸甜

谋幸福　送温暖

日夜不忘老百姓康宁团圆

老百姓是地　老百姓是天

老百姓是共产党永远的挂念

老百姓是山　老百姓是海

老百姓是共产党生命的源泉

……

28. 国碑记忆:问渠那得清如许

我去韶山时,已是深冬。恰遇一代伟人毛泽东诞辰,从全国各地涌来的人们,眼神虔诚,情绪激昂。以前也曾看过许多尊雄姿英发的毛公雕像,但唯有这尊平易近人,像一位和蔼的长者款步而来,一下子拉近了伟人与百姓间的距离。我问导游,此雕像出自何人之手?对方答道:刘开渠。

真正了解刘开渠,是在人民英雄纪念碑的寻访以及《国碑》的写作过程中,他将新中国最辉煌壮烈的一幕,“钟山风雨起苍黄,百万雄师过大江”,永远地留在了人民英雄纪念碑的浮雕之上,成为压轴之作。

这一天，对中央美术学院华东分院雕塑系二年级20名学生来说，早已翘首以待，他们的行李早就打包好了，整装待发。如果不是刘院长一再推迟行程，恐怕他们早就到北京了。

火车徐徐开动，相比叽叽喳喳雀跃的孩子们，刘开渠的心情却一点也轻松不起来。这趟北上之旅的任务不是一般的繁重。早在1952年6月19日，人民英雄纪念碑美工组组长的任命文件就送到了刘开渠手中，但身兼数职的他一时难以脱身。彼时的刘开渠既是上海美协主席，又是中央美术学院华东分院的院长，还是分管城市建设的杭州市副市长，工作交接需要时间，好在美工组还有两位得力的副组长滑田友与张松鹤主持工作，紧急的事情就发电报告知，不是十万火急的事情就写信相商。一转眼，半年的时间就过去了，最近滑田友发了几次电报，信也来得愈加频繁，且字迹凌乱潦草，焦灼、焦躁和焦虑跃然纸上。在最近的一封信中，滑田友言辞恳切地请求刘开渠早日到京，有太多的事情需要当面商议、决定。

人民英雄纪念碑兴建委员会美术工作组成立后，就在全国范围内调集最优秀的画家与雕塑家参与此项工作，组长刘开渠暂时不能到任，便由副组长滑田友全权负责。浮雕创作内容在反复地酝酿与磋商，抽调的人员已经陆续到岗到位，唯独组长迟迟不就位，工作虽然也能按部就班地推进，但大家总觉得缺个主心骨。

之所以推举刘开渠为美工组组长，参与并领导纪念碑浮雕的雕塑工作，是因为20世纪的中国雕塑，刘开渠是一个绕不过去的名字。

1920年，16岁的刘开渠考入国立北京美术学校，次年升入大学部。1925年为孙中山追悼会现场画巨幅遗像；次年在中央公园举办个人画展。他早年主张创造，反对袭古，主张以新的理论、新的感情、新的生命、新的形式创造新的艺术。他是新文化运动的积极拥护者。1927年毕业后赴南京，受蔡元培之命，与林风眠、潘天寿赴杭州西湖为国立艺术院选址并参与筹建。1928年，国立艺术院正式成立，刘开渠任助教兼图书馆馆长。同年，刘开渠经蔡元培推荐赴法国留学，入巴黎国立高等美术学院专攻雕塑，师从法兰西艺术院院士朴舍教授。朴舍在艺术流派上一般被归入学院派和折中主义，但他其实也深谙中世纪雕塑，并深受浪漫主义的影响。1933年，应蔡元培、林风眠之邀，刘开渠回到国立杭州艺术专科学校担任雕塑系主任。这一时期，他创作完成了数件在中国美术史上崭露头角的英雄纪念作品：1934年的《淞沪抗日阵亡将士纪念碑》、1939年的《王铭章骑马像》、1939年的《李家钰骑马铜像》、1943年的《川军出征抗战阵亡将士纪念碑》等。

被集结号召集到北京的画家、雕塑家大多数都与他有着或深或浅、或远或近、或直接或间接的渊源。这里面，既有故交老友，也有他的亲传弟子，更有他美院的同事。刘开渠既要综合协调，做好领导工作，也要与他们同场竞技。换言之，他既是教练员也是运动员，与他负责同一主题的画家是彦涵。

火车一路向北，江南初春的绿色慢慢退却，北方依旧干枝枯叶，遍地萧条。这是1953年春节后的一天，一列从杭州开来的火车，驶进了北京火车站，列车上下来的一位戴着黑框眼镜的中年男子，正是半年前收到人民英雄纪念碑兴建委员会邀请函的刘开渠。众人期盼已久的人终于到达北京。

短暂休整后，刘开渠便主持召开他上任后的第一次调度会，听取了简短的汇报后，刘开渠开始安排工作，布置任务：(1) 根据八块浮雕题材学习文件和近代史；(2) 各小组根据题材内容需要访问收集素材；(3) 勾出绘画初稿送上级和美术界征求意见；(4) 讨论碑形和浮雕内荣；(5) 根据雕刻需要进行基本练习；(6) 依照新碑形进行浮雕起稿；(7) 分组考察体验生活，到各地研究古代雕刻；(8) 整理修改浮雕稿送上级审查。

刘开渠话不多，但一句是一句，且条理清楚、逻辑分明。美工组一众人对刘开渠丰富的管理经验和高超的组织能力佩服得五体投地。根据工作计划，他出面邀请了范文澜、郑振铎、许德珩等专家学者为美工组讲授鸦片战争以来的中国近现代史，特别是五四运动和五卅运动，随后接洽中央军委总政治部派来的参加过抗日战争和解放战争的干部主讲会师井冈山、平型关大捷和渡江战役的始末。

1953年7月17日，人民英雄纪念碑兴建委员会召开各组联席会议，决定9月份在天安门广场纪念碑工地举办纪念碑碑形展览，展览的内容包括碑形图样、纪念碑模型、浮雕和装饰初稿，广泛听取社会公众意见。

展览一直持续到9月底才结束。综合各方意见，刘开渠决定暂停美工组的浮雕泥塑小样制作，亲率九位雕塑家到云冈石窟、晋祠、天龙山石窟、平遥古城、响堂山石窟、西安、顺陵、霍去病墓、麦积山石窟、龙门石窟、巩县石窟寺、灵岩寺等地参观古代雕塑。作品从汉至明清，从一般浏览到重点欣赏，统共观摩了数万件。这趟考察持续了整整两个月，雕塑家们得以在历代雕塑的题材和风格中游历一番。

响堂山、武梁祠等地的汉代石刻大多为反映日常生活的大型场面，以极薄的浮刻，表现生活的情节。巩县石窟寺著名的北魏浮雕《帝后礼佛图》，雕法精致、形象生动，行进中的人物俯仰向背，姿态表情各不相同，流畅而统一，它的构图方式和形象刻画给了雕塑家们以很大的启发，尤其是长期在法国写实雕塑传统中浸润的雕塑家。太原晋祠的44尊宋塑女像、济南长清灵岩寺的罗汉深深震撼着各位艺术家，刘开渠赞叹道：就情感丰富、性格真实而言，完全可以和文艺复兴时唐纳泰罗相媲美！

“同志们，我们要认真研究这些杰出的作品，学习古代匠人的创造精神和创作方法，相信一定会加强我们今天美术创作的力量！”刘开渠的肺腑之言说出了所有雕塑艺术家的心声。多年之后，这趟考察途中拍摄的照片资料，以《中国古代雕塑集》为名结集出版。

采风充电完成后，各位雕塑家回到北京，继续各自负责的浮雕创作。彼时，“渡江战役”组的画家彦涵已经完成了画稿创作工作。

1949年4月21日凌晨，人民解放军以木帆船为渡江工具，强渡长江。彦涵起画稿、刘开渠雕塑的《胜利渡长江》表现的正是这一千帆竞渡的壮观场面。百万雄师渡长江的胜利，加速了全中国的解放，是中华人民共和国成立的前奏。合作者彦涵是位曾徒步11天走到延安，在太行山上见证过血与火的革命艺术家，此前曾画过渡长江的油画，因此人民英雄纪念碑《胜利渡长江》的画稿便由他来设计。彦涵的画稿画了三遍，第一遍画的解放军战士头戴美式钢盔冲锋的场景，真实地反映了渡江战斗的情形，但考虑到群众感受的普遍印象，在第二稿中将战士们改为了头戴布军帽，突出了指挥员以及划船民工的形象。第二稿完成之后，精益求精的彦涵希望把画稿修改得更完美，就在第二稿的基础上又创作了浮雕的第三稿，又增加了一些战士的形象，这样一来就导致第三稿长度过长，不符合纪念碑高耸挺拔的设计方案，几经斟酌，刘开渠决定采用第二稿。

完成了画稿的画家们陆续离开，留守美工组的成了清一色的雕塑家。

美工组的灯光是人民英雄纪念碑建设工地上的长明灯。灯影摇曳处，总会晃动着刘开渠的身影。白天，他要协调各种琐碎的事务，不是这里驴不走就是那里磨不转。画家们隔三岔五要回来一趟，那画作是自己的“孩子”，被修改一点都心疼不已；雕塑家仅仅是设计者，真正将雕塑家意图贯彻到纪念碑上的是石匠，石匠的统一培训也在紧锣密鼓进行中,而他是主讲人;纪念碑体的浇筑速度要时时关注,碑心石的采集、运输也牵动着他的心,还有碑文的篆刻……白天,他是管理者,只有在黑夜,在灯光下,他才能够做回一个艺术家,向黑夜要时间,雕刻属于自己的传奇。

刘开渠将"渡江战役"一分为三,中间为大尺幅的《胜利渡长江》,左右两侧佐以小尺幅的《支援前线》和《欢迎人民解放军》,以达到凸显的效果。从整体构图看,前景中已经上岸的解放军战士与中景尚在船上的战士形成大波浪式的构图,无限重叠的旗帜与纵横交错的船帆彼此集合,充分展现出叱咤风云、气势磅礴的强渡场面和鲜明的进击节奏。由此,尽管画面上仅使用了二十几个人物,却看似千军万马、浩浩荡荡。

多年之后,刘开渠以自己在创作人民英雄纪念碑浮雕为例,阐述了浮雕构图时的形式感。

> 在构图上有很多形式,如金字塔形、波浪形、崇高形、优美形、挺拔形等。文艺复兴时期的画多用金字塔或双重金字塔形,佛教雕刻作品也多用金字塔形。这些形式是怎样来的呢?这是从许多作家的许多作品中总结出来的。这些形式是存在于自然和生活中的,山总是下大上小的。这种从生活和自然中被感受到的东西上升为形式规律,再反过来用以加强、突出自然和生活中的美。人利用形式规律、形式感表现人或人群就更有效果。我创作

《打过长江去，解放全中国》，就是把人组织到汹涌的波浪形中。我把红旗、指挥员组成波浪的最高点，压在南京城之上，形成中国人民解放大军胜利过了江，势不可挡，敌人老巢已在倾覆的象征。用这样急剧向前的波浪形式时，如没有垂直形的线，就会显得动荡不稳，所以又在构图上加重地突出了直立的桅杆，让人感到：胜利是必然的，力量是稳固的。构图也包括情节安排，情节安排就是要突出感情。构图要给人以完整的感觉，不要让人看后，觉得是大构图的一部分。既要构图完整，同时也要使构图表现无限，即单纯和丰富的问题。

作为中国现代雕塑开拓群体中的开山鼻祖，刘开渠完成了雕塑如何从神转向人，如何为现代的人进行雕刻的探索实践，是他将雕塑从宗教模式中解放出来，解放到了大时代的洪流中。正如同他所言："我愿以我走过的全部道路证明一句话：人生是可以雕塑的。"

小须弥座
中卷
小须弥座

第九章　阅读林徽因

29. 初见1919

时　间

林徽因

人间的季候永远不断在转变

春时你留下多处残红，翩然辞别

本不想回来时同谁叹息秋天

现在连秋云黄叶又已失落去

辽远里，剩下灰色的长空一片

透彻的寂寞，你忍听冷风独语?

原载《大公报·文艺副刊》

这首诗，是民国才女林徽因写的，它深深地影响了我的少女、青春年代，让我久久不能忘怀，以至于写《国碑》青史时，我仍然能第一时间把它翻出来。这首诗最初是发表在《大公报》上的。

许多年了，林徽因的影子总在我眼前摇晃，终于晃成了一部历史的默片。从沉醉中醒来，定睛一看，眼前的景色已然是人间四月天。

"五一"小长假，小区里春花凋零，夏花初绽。白衣胜雪的流苏迎风欢笑，风摇花落霜垂地，恍若浅语含嗔的黛玉。同样一身素罗衣的还有槐花姑娘，浑身散发着蜜糖一样的芬芳，总刺激我深呼吸再深呼吸。临窗而坐，一杯清浅的明前茶，静候佳人。是啊，清明节前，这场邀约从那个时候已经开始了。清明节，在春花繁茂的时候，我长途跋涉去八宝山革命公墓二墓区结字组拜谒她，而今，一个月过去了，在这个宜幽居、足懒不出户的假期里，还有什么比我赴她的邀约更重要的事情吗？

书桌上是一整套《林徽因全集》，里面涵盖了林徽因的译作、诗歌、戏剧、散文、小说、书信以及建筑著作。另外还有这些年来拉拉杂杂搜集到的与林徽因相关的图书、资料，正面赞美的，旁敲侧击的，直接泼脏水的，林林总总。爱一个人可以只有一个理由，若不爱，千万条指摘也能罗织起来。毋庸置疑，我立场坚定，观点鲜明，我爱林徽因。在灿若繁星的民国红颜里，美貌与智慧兼而有之者不乏其人，然而我就同那独爱莲的宋人周敦颐一样，不可救药地为林徽因着迷。她的文学才情凝结成一篇篇诗歌、散文与小说，她的建筑学识镌刻在国徽上、人民英雄纪念碑上，她炽热的生命故事在民国逸事里持续燃烧。在初夏时节，阅读林徽因，赶赴这场于我而言极为重要的心灵之约，无论做多么烦琐的准备都是必要的。

《林徽因全集》卷1的第一篇文章是篇译作，是她翻译的英国作家王尔德的《夜莺与玫瑰》，这是林徽因公开发表的第一篇作品，原载于《晨报五周年纪念增刊》。《晨报副刊》是五四时期著名的"四大副刊"之一，前身为北京《晨钟报》和《晨报》第7版。1921年10月21日改版独立发行，1928年6月5日第2314号终刊。《晨报副刊》的编者按先后顺序依次为李大钊、孙伏园、刘勉己、丘景尼、江绍原、瞿菊农和徐志摩。

认识徐志摩的时候，林徽因只有16岁。

1920年夏天，林徽因的父亲林长民因担任中国国际联盟同志会理事常驻伦敦，便把已经学会英文的女儿带去做伴。此时的林徽因扮演父亲的女主人，每天需要接待许多前来向父亲致敬的中外人士。一天，林长民的好友梁启超带来了自己的学生，并将他引荐给林长民，这个学生就是徐志摩。林长民是位艺术家也是个浪漫才子，他同徐志摩一见如故，引为知己。他把女儿叫过来，说："徽因，这是徐叔叔！"

多年之后，林徽因向自己的好友费慰梅提及徐志摩时，相关联的依旧是雪莱、济慈、拜伦、曼斯菲尔德和伍尔芙等一系列文学大师的名字。毕竟她那扇通往文学秘密花园的门，是在徐志摩的引领下开启的，在花季少女的面前，他有父辈的耐心，导师的博学，以及成熟男性的款款柔情。不被吸引几乎是不可能的。费慰梅的《林徽因与梁思成》一书中记载了这一细节。徐志摩曾对林徽因说起过他想离婚，然后和她在一起。但多年来，林徽因目睹她母亲的遭遇，早已对“离婚”讳莫如深。父亲林长民与二姨太以及一群儿女住在前院，林徽因与母亲则住在后头的小院里，懂事、伶俐的她既要照顾母亲千疮百孔的心，也要珍惜父亲对自己的宠爱，毕竟她是众所周知的林家掌上明珠，是父亲林长民最钟爱的孩子。徐志摩的请求警醒了沉醉不知归路的佳人。在这起离婚事件中，一个失去爱情的妻子将被抛至一旁，这个“妻子”宛若母亲的翻版，林徽因不愿意走进这样一种关系，己所不欲，勿施于人。

时间再往前回溯一年，1919年，那一年，父亲林长民与梁启超结为好友，彼此都有旅居日本的经历，又同时在革命后的北京政府担任高官，算得上是门当户对。梁家有子思成，时年18岁，林家有女，15岁，“结为儿女亲家”从一句半真半假的笑谈，到付诸实施、正式相亲介绍，在两位父亲眼神交汇间便心领神会。不过，两位开明的父亲并没有包办一切，他们将最终的决定权仍旧交到他们各自最爱的孩子手中。虽然没有三媒六聘，但若有若无的婚约红线已然将两个年轻人悄然无声地维系在了一起。

1915年，梁思成已经考入清华学校，他被校刊聘为美术编辑，担任了学校乐队队长和第一小号手，还拿过运动会的跳高冠军。巴黎和会的消息是父亲梁启超第一时间发回国内的，受父亲影响至深的梁思成在五四运动中成为清华学生的领袖之一。在中华民族危难之际,梁氏父子以不同的方式在中国近代史上留下了爱国、进步、民主、科学的"五四身影"。

1921年下半年,林长民携女回国,梁、林两家的亲事重提。婚约商定后并没有广而告之,不过知情者甚众,亦算是公开的秘密。不久,徐志摩与妻子离婚,他对林徽因的追求是公开化的、炽烈的,遂招致了老师梁启超的一封"警告信",信上说:"万不能把他人之苦痛,易自己之快乐,不要沉迷于不可必得之梦境。"

"我将于茫茫人海中访我唯一灵魂之伴侣,得之,我幸;不得,我命,如此而已。"徐志摩的回信礼貌而有节制。

梁、林两家原本就都有送孩子出国深造的计划,终于在1924年的夏天得以成行。这一年的四月末,印度诗人泰戈尔访华,抵达北京之际,作为全程翻译的徐志摩邀请林徽因协助他一同为泰戈尔提供翻译服务。林徽因欣然前往。泰戈尔为林徽因作了一首诗:

天空的蔚蓝
爱上了大地的碧绿
他们之间的微风叹了声"哎"!

大诗人的这份惆怅,有来自北京之行即将结束的哀伤,更有他知晓徐志摩对林徽因的爱意后,欲牵红线却被佳人婉拒的遗憾。

我曾经看过那张珍贵的照片——泰戈尔在北京期间的留影。林徽因站在须发皆白的泰戈尔和身穿长袍、儒雅风流的徐志摩之间，照片的最左侧是西装革履的少年郎梁思成，他的身体不自觉地向右倾倒，那是因为他的心上人林徽因在他的右侧，虽然隔着一众人等，但身体却说出了最真实的行为语言。彼时，徐志摩、林徽因在北京陪同泰戈尔出席各种活动，有人将泰戈尔比作“松”，徐志摩为“竹”，林徽因则是“梅”，“岁寒三友”一度成为泰戈尔访华期间的美谈。仔细看照片，就会发现，“岁寒三友”之间刻意地留出了距离，一方面是出于对女性的尊重，更多的还是因为心理上的距离吧。毕竟，身体语言才是最真实的语言。

两个月后，梁思成、林徽因启程去往大洋彼岸的美国。两个性格南辕北辙的年轻人在那里好好经受了一番相互的折磨。这对年轻人的相爱相杀被梁启超形容为“在佛家的地狱里”。这位一手玉成这对佳偶的父亲对他的孩子们有着深沉的爱，“他们要闯过刀山剑林，这种人间地狱比真正地狱里的十三拷问还要可怕。如果能改过自新，惩罚之后便是天堂”。

1928年3月21日，梁思成、林徽因修成正果，步入婚姻的殿堂。

30. 你在哪里，我就在哪里

2017年9月份开学季，阔别校园多年的我，机缘巧合重新回到大学课堂。东营市文联选派青年作家到天津大学文学院进修一年，我有幸忝列其中。天津大学考虑到我们一行四人各有所长，各有所短，创作方向也各不相同，大锅烩显然不妥，却也没有给我们单独开小灶，而是列出了文学院本科阶段、研究生阶段所有的课程名录，让我们各取所需，有点类似于个性化的私人文学订制。

在现代文学史的课堂上，我遇到了一位兼具魏晋风度与民国风流的女先生——周游。她走进我的心里，只用了一首歌的时间。课间休息，她播放了两个版本的一首歌《蓝莲花》，许巍的原版以及林忆莲的改编版。“穿过幽暗的岁月/也曾感到彷徨/当你低头的瞬间/才发觉脚下的路……”歌声如利剑穿心，我把头转向窗外，不让年轻的同窗们惊诧于一个中年女人突如其来的情绪暴雨。下课后，我主动约周游一起吃午饭，她没有拒绝。很久之后周游告诉我，45岁后的她早已对收获友情不抱过多的奢望，之所以接受我的邀约，是因为看到了我的眼泪，多年前她也曾同样被这首歌感动得泪如雨下。

那天，周老师的课讲到文学革命与中国现代汉语文学的成形。午餐的饭桌随即延伸成我的第二课堂，这样的“课饭”一直延续到我进修结束离开天津大学校园。

在导师面前,作为学生的我从不隐藏内心的情绪,更何况是亦师亦友的关系。

周末的一天,周游和她的赵先生开车载我外出,问目的地,神秘兮兮地说"到了就知道了"。

赵先生驾车,周游坐在副驾驶座上。一个语速缓慢,静水流深;一个说话永远是两倍速的泉水叮咚。这对佳偶相识于东北,彼时一个就读于哈工大,一个在东北师范大学求学,一场学校与学校、宿舍与宿舍之间的联谊将他们带到了彼此的面前。

"你当时怎么会那么勇敢?"

副驾驶座上的周游回过身来,抛一个飞眼给我。"当时我自学《周易》,为自己卜了一卦,这叫命中注定。"周游啊周游,即便深陷爱情,情浓意切之余亦不丢理性清明,内心笃定的小女儿情怀也需要在中国圣贤先哲的博大精深中寻找理论支撑。

"到了!"

"独乐寺?"

"对,独乐寺。这就是你心心念念的梁思成、林徽因用现代科学的方法研究的第一座古建筑——独乐寺。"

知我者,周游也。朋友之间最大的照拂,就是无须声张就帮你打点好你需要的一切。一直以来,从没有在周游面前掩饰过我对林徽因的着迷,她的译作,她的诗歌,她的爱情与婚姻。有一年春节,我还曾专门去北京故宫寻踪觅迹。1928年,梁、林二人从美国归来在东北大学任教,创立了中国现代教育史上第一个建筑学系。后来,林徽因与梁思成先后返回北京,不久便加入了中国营造学社。营造学社的研究总部就设在故宫废弃的一角,梁思成担任法式部主任,林徽因则在学社中任校理。这是他们学术生涯的发端。故宫内营造学社的旧址遍寻不见,想来早已不见踪迹,那就去文渊阁吧。那是他们夫妇二人开始田野调查之前参与古建筑修护工程的初次尝试。文渊阁,一座两层楼的皇家图书馆。1776年建成于北京紫禁城的东南角,是为收藏《四库全书》而建。1932年,支撑书架的梁柱有下陷情形,故宫博物院遂委托营造学社进行修复。经过一番科学测量和计算,营造学社给出了用钢筋水泥大梁换掉原先木质梁柱的建议。

春节是故宫参观的淡季,早上8:30开门,沿中轴线疾步前行,圆了自己成为当天文渊阁第一位参观者的小心愿。这是江南情结浓重的乾隆皇帝仿照浙江宁波天一阁建筑形制为自己筑造的私人图书馆,一汪清池边,残存星点民间血统的文渊阁与皇家建筑最大的不同就是屋顶与外墙的颜色,屋顶一改惯常的明黄,用的是黑色的琉璃瓦,外墙也不是故宫随处可见的红墙,而是灰色。冬天的文渊阁,枯枝败叶,一派肃杀之气。灵动的几只猫儿,自由穿行在院子里、墙头上,甚至房顶屋脊上,仪态万方,眼神傲慢。当年,营造学社修复文渊阁时,这几只猫儿的祖先是否已经是这个院落的隐形主人?它们的祖先是否用今天它们看我的眼神注视过当年美丽的身影?与我对视良久,猫儿不敌我的耐性,败下阵去，摇着尾巴婀娜离开。

如今，我站在独乐寺前，时隔半个多世纪，再次捕捉到林徽因的足迹，我的脚印会与昔日她的脚印在某一处重叠吗？“独乐寺的观音阁高踞于城墙之上，老远就能望见。人们从远处就能看到它栩栩如生的祥和形象。这是中国建筑史上一座重要而古老的建筑，第一次打开了我的眼界。”这是梁思成的手记，也是林徽因的心情。他们用在美国留学期间磨合出来的默契，合力完成了《蓟县独乐寺观音阁山门考》。这只是开始，而后的几年间，他们马不停蹄地辗转在宝坻广济寺、正定隆兴寺、华塔、青塔、应县木塔、赵州大石桥和小石桥陀罗尼经幢、大同上下华严寺、善化寺、云冈石窟、浑源悬空寺、五台山佛光寺、曲阜孔庙、泰安岱庙、历城四门塔之间，“考察旅行本身充满意想不到的冒险，那身体上的受难自不在话下，我们时常感受到的是少有的、令人难忘的欢乐”。难忘是因为你在哪里，我就在哪里，欢乐也是因为你在哪里，我也在哪里吧。就像这座千年名刹的名字，独乐寺，独乐乐不若与人，少乐乐不若与众。

若非出于安全的考虑，我一定会坚持赏析完落日余晖中的独乐寺才踏上归途。人在旅途，择善而从才是上上之选。周游感应到我的怅然，找话题排解我的遗憾，有友如此，夫复何求！

话题兜兜转转，扯到了梁思成、林徽因的婚姻质量，尤其是林先生往生后梁先生的再婚，给了太多人揣测、质疑的余地。

我们从天津市区到独乐寺，一路高速，当年从北平到天津蓟县，可不像今天这般轻松，他们一同去过那么多的地方做田野调查，本质上他们是一类人，强烈而又和善，勇猛而又充满爱，有领导能力而又能支持他人。如果没有爱作为支撑，不会同行那么久。夫妻之间的爱，如人饮水冷暖自知。既然普通如你我都明白、懂得的道理，聪明如梁、林二人，岂会不懂不知？

天色渐暗，每天都有至暗时刻，但明天太阳照常升起。婚姻亦然。

31. 在云南，盖个小院

生于黄河口，长于黄河口，40岁之前我没有坐过飞机，没出过500公里之外的远门。第一次独自远行便是大西南的那片高原，那里四季如春，繁花似锦。我的目的地是云南西双版纳傣族自治州景洪市大渡岗的万亩茶园，在那深深的山坳里，我的朋友自己动手一砖一瓦盖了一个院落——自在园，成为身居北方且饱受雾霾困扰的我可望而不可即的世外桃源。

不过，我与云南的缘分从那一刻就开始了。2018年，我多次往返于山东与云南的空中航路。世人不来云南，永远不会知晓云南之丰富。云南的丰富，在花、在茶、在菌子，在云、在雨、在风，在山川、在河流、在湖泊，在山林中的奔跑、在溪流中的游走、在蓝天上的飞翔，在云上云下、在门里门外、在云门三观，在民族多元、在生态多样、在辐射辽远，在他、在她、在它。“丰富”一词，只有到了云南才深有体会，才会感同身受，这种感觉只有在云南才会有，只能在云南才会有。云南是如此这般吸引着我。作为徐剑老师的助手，我参与了反映云南建设南亚、东南亚辐射中心工作的长篇报告文学《云门向南》一书的书写。行走在云南的山水之间，感受滇地的一草一木。在采风的行程里，最大的收获莫过于我的脚印再次与80年前曾经在云南生活过的林徽因的足迹重合了。

南迁的日程定在了1937年9月5日，路线是北平到天津，济南到郑州……一路舟车劳顿，绕来绕去到了汉口，抵达长沙时遭遇空袭，从长沙前往昆明的途中，林徽因病倒在湘黔交界的晃县，两周后才退烧。他们终于在1938年的1月中旬来到了昆明，这个连空气都浸润在花香里的城市。其实，梁思成、林徽因南迁的轨迹还可以往前追溯，1931年九一八事变之后，从那时起，南迁的宿命已然注定。历史百年的明证，没有人能够逃离时代的洪流，国难当头，谁也不能置身事外。

日本帝国主义全面侵华后，华北及沿海大城市的高等学校纷纷内迁，其中迁至云南的高校10余所，国立北京大学、国立清华大学、私立南开大学合并成为国立西南联合大学，成为当时中国规模最大的著名高等学府。云南的权贵、香港的服装、南京的风度、民国的洋钱……云南就这样热闹起来，似乎也不能这样说，云山怒水间的那片高原，向来也不是一个封闭之所。那片土地与外界的联通最早可以追溯到2000多年前，从秦朝修筑的五尺道作为发端，到有着南方丝绸之路之称的蜀身毒道以及贯穿横断山脉和青藏高原的茶马古道，再到近代的滇西干道、滇越铁路、滇缅公路和空中的驼峰航线，直到今天已经川流不息的昆曼公路和正在建设中的中缅国际铁路、中老铁路。公路、铁路不能抵达的地方，勤劳的飞机以昆明为中心，在空中循环往复，织就了一张辐射南亚、东南亚的国际经济贸易之网、科技创新之网、金融服务之网和人文交流之网。

不说今天，我的视线依旧锁定在梁思成、林徽因的1938年。这对建筑师伉俪到达不久，便收到了西南联大校长梅贻琦设计校园建设方案的邀请。梁思成欣然应允，迅速设计完成。然而，他的设计稿在梅校长的“指导”下一改再改，一次比一次简陋，理由永远是“经费不足”。梁思成终于愤怒了，一改往日的春风大雅平和之状，对着梅贻琦雷霆般咆哮：“什么？茅草房！既然你是要盖茅草房，你找我梁思成干什么呢？”

“所谓大学者，非谓有大楼之谓也，有大师之谓也。”一向沉默寡言的梅贻琦秉承着一贯的语速，惜字如金，却字字珠玑。他把西南联大的家底亮给梁思成，言明要花最少的钱做最实用的校舍。梁思成被梅贻琦先生说服了，于是就有了今天的西南联大建筑群：矮楼平房土墙，图书馆房顶最奢侈，用的是青砖，教室屋顶是铁皮，其他屋子房顶一律是茅草。云南多雨，铁皮房顶的教室，一逢下雨，大珠小珠落玉盘，小雨倒在其次，雨势稍大一些，声音便全然盖过教授的讲课声，纵然扯破嗓子也无济于事。聒噪如鞭炮齐鸣，无法正常授课。“静坐听雨”“风声雨声读书声声声入耳”后来均称为西南联大的名段逸事。

中国营造学社的状况并不比西南联大好多少，却也在风雨飘摇中挺过来了，除继续研究宝塔、庙宇等古建筑外，也将触角伸向了民用建筑。研究之余，梁思成、林徽因设计了一栋房子，这是两位建筑师一生当中唯一为自己设计、建造的房子。

“我们正在一座新建的三房农舍中安顿下来。它位于昆明市东北12公里的一个小村边上，风景优美而没有军事目标。邻接一条长堤，堤上长满如古画中的那种高大笔直的松树。我们的房子有三个大一点的房间，一间原则上归我用的厨房和一间空着的佣人房，因为不能保证这几个月都能用上佣人。”这是林徽因写给好友费慰梅的信件的内容，她继续写道，“有些方面它也颇有些美观和舒适之处，我们甚至有时候还挺喜欢它呢。”想来林徽因是喜欢这座房子的，这座房子是他们夫妻竭尽所能争取每一块地板、每一块砖、每一根钉子，甚至亲自运料，做木匠和泥瓦匠才建造好的。“天气开始转冷，天空布满越来越多的秋天的泛光，景色迷人。空气中飘满野花香——久已忘却的无数最美好的感觉之一。每天早晨和黄昏，太阳从那奇诡的方位带来静穆而优美的快感，偷偷射进这个充满混乱和灾难的无望的世界里，人们仍然意识到安静和美的那种痛苦感觉。战争，特别是我们自己的这场战争，正在前所未有地阴森森地逼近我们，逼近我们的皮肉、心灵和神经。”

战争，林徽因恨透了这场战争。轰炸与炮火逼迫他们只在自己亲手筑造的房子里居住了短短的8个月就不得不撤离了昆明。

昆明即景·茶铺

林徽因

这是立体的构画
描在这里许多样脸
在顺城脚的茶铺里
隐隐起喧腾声一片

各种的姿势，生活
刻划着不同方面
茶座上全坐满了，笑的
皱眉的，有的抽着旱烟

老的，慈祥的面纹
年轻的，灵活的眼睛
都暂要时间茶杯上
停住，不再去扰乱心情

一天一整串辛苦

此刻才赚回小把安静

夜晚回家,还有远路

白天,没有工夫闲看云影?

不都为着真的口渴,

四面窗开着,喝茶

跷起膝盖的是疲乏

赤着臂膀好同乡邻闲话

也为了放下扁担同肩背

向运命喘息,倚着墙

每晚靠这一碗茶的生趣

幽默估量生的短长……

这是立体的构画

设色在小生活旁边

荫凉南瓜棚下茶铺

热闹照样的又过了一天!

原载《经世日报·文艺周刊》

转身之际就是永别,这座房子再也没有等到它的设计者与筑造者。

空气中依旧飘满野花香,不知此刻萦绕在我鼻端的香气与林徽因当年嗅到的芬芳有何异同?物是人非事事休,唯有香如故。

32. 从国徽到国碑

在好友费慰梅的记忆里,“思成和徽因对政治都没有表现出丝毫的兴趣。他们在艺术的环境中长大,思想上崇尚理性,一心扑在个人事业上,决心在建筑史和诗歌领域中有所建树,根本没有时间参与政治或进行政治投机。他们在战争期间遭受的艰难困苦也没能在他们身上激起许多朋友感受过的那种政治愤怒。他们是满怀着希望和孩童般的天真进入共产主义的世界”。费慰梅做出这样评判的依据是林徽因在1948年北平解放前夕写给她的最后一封信。更早一些的1934年,林徽因写给费慰梅的信中有这样一段内容:“这对我是一个崭新的经历,而这就是为什么我认为普罗文学毫无道理的缘故。好的文学作品就是好的文学作品,而不管其人的意识形态如何。”

费慰梅的判断是对的,梁思成与林徽因的确不是狂热的政治投机分子,但是好友低估了他们对中国古建筑的热爱,对北京城的一往情深。他们以护佑这古城为己任,并立刻行动起来。林徽因先后在《新观察》上发表了《谈北京的几个文物建筑》《我们的首都》等文章，梁思成也在《新观察》上撰文《北京——都市计划的无比杰作》，并附注“本文虽是作者答应担任下来的任务，但在实际写作进行中，都是同林徽因分工合作，有若干部分还偏劳了她”的声明。彼时，梁思成被任命为北京市都市计划委员会副主任，对北京的城市规划，他提出了五点建议：

1. 北京应是政治、文化中心，而不是工业中心。

2. 限制城区工业的发展。因为它将导致交通堵塞、环境污染、人口剧增和住房短缺。

3. 保存北京故都紫禁城的面貌，保存古建筑城墙城楼。

4. 限制旧城内新建建筑高度不得超过三层。

5. 在城西建设一个沿南北轴向的新政府行政中心。

最终只有第3点“保留紫禁城”的建议获准，北京城拆古建新已成定局。沮丧之余，梁思成、林徽因通力合作，针对第5点“新政府行政中心”建议，完成了《北京——都市计划的无比杰作》建议书，奔走呼号。林徽因甚至不惜与时任北京市市长的彭真拍了桌子：“你们今天拆的是真古董，有一天，你们后悔了，想再盖，也只能盖个假古董。”

拆！拆！拆！昂扬铿锵的国家进程面前，羸弱的个体，一己之力回天乏术，如蚂蚁撼树忽略不计。北京城在他们的叹息中慢慢变了模样。

2012年，当“北京行政副中心”的概念被提出时，有多少人记得中华人民共和国成立初期梁思成、林徽因那极具前瞻性的“都市计划”？

如何拆北京，虽然梁思成、林徽因的意见没有被采纳，但是如何建北京，他们二人却是当时主要的依傍力量。林徽因先后被聘为清华大学建筑系教授、北京市都市计划委员会委员兼工程师、人民英雄纪念碑兴建委员会委员……这一年，她45岁。

时间的长河里，总有一双翻云覆雨手在制造着无数的巧合。《国碑》一书出版之际，将恰逢我的45岁生日。

1949年10月23日，由林徽因主持的国徽设计小组提交了《拟制国徽图案说明》。

> 拟制国徽图案以一个璧（或瑗）为主体，以国名、五星、齿轮、嘉禾为主要题材，以红绶穿瑗的结衬托而成图案的整体。也可以说，上部的璧及璧上的文字，中心的金星齿轮，组织略成汉镜的样式，旁用嘉禾环抱，下面以红色组绶穿瑗为结束。颜色用金、玉、红三色。
>
> 璧是我国古代最隆重的礼品。《周礼》：“以苍璧礼天。”《说文》：“瑗，大孔璧也。”这个璧是大孔的，所以也可以说是一个瑗。《荀子·大略篇》说“召人以瑗”，瑗召全国人民，

象征统一。璧或瑗都是玉制的，玉性温和，象征和平。璧上浅雕卷草花纹为地，是采用唐代卷草的样式。国名字体用汉八分书，金色。

大小五颗金星是采用国旗上的五星，金色齿轮代表工，金色嘉禾代表农。这三种母题都是中国传统艺术里所未有的。不过汉镜中有(齿)形的弧纹，与齿纹略似，所以作为齿轮，用在相同的地位上。汉镜中心常有四瓣的钮，本图案则做成五角的大星；汉镜上常用小粒的“乳”，小五角星也是“乳”的变形。全部做成镜形，以象征光明。嘉禾抱着璧的两侧，缀以“绶”。红色象征革命。红绶穿过小瑗的孔成一个结，象征革命人民的大团结。红绶和绶结所采用的褶皱样式是南北朝造像上所常见的风格，不是西洋系统的缎带结之类。设计人在本图案里尽量地采用了中国数千年艺术的传统，以表现我们的民族文化；同时努力将象征新民主主义中国政权的新母题配合，求其中古代传统的基础上发展出新的图案：颜色仅用金、玉、红三色；目的在求其形成一个庄重典雅而不浮夸不艳俗的图案，以表示中国新旧文化之继续与调和，是否差强达到这目的，是要请求指示批评的。

这个图案无论用彩色、单色，或做成浮雕，都是适用的。

这只是一幅草图，若蒙核准采纳，当即绘成放大的准确详细的正式彩色图、墨线详图和一个浮雕模型呈阅。

文末署名如下：

集体设计：

林徽因　雕饰学教授，做中国建筑的研究

莫宗江　雕饰学教授，做中国建筑的研究

参加技术意见者：

邓以蛰　中国美术史教授

王　逊　工艺史教授

高　庄　雕塑教授

梁思成　中国雕塑史教授，做中国建筑的研究

不久，国徽设计小组便收到了修改意见，意见要求在国徽中展现天安门图形，还要增加稻穗。林徽因随即组织队伍画图、讨论：中国的新民主主义革命是从五四运动开始的，到1949年取得胜利，建立了中华人民共和国，天安门是五四运动的肇始地，又是中华人民共和国成立时举行开国大典的盛大场所，用天安门图案作为新的民族精神的象征；用齿轮、谷穗象征工人阶级与农民阶级；用国旗上的五星，代表中国共产党领导下的中国人民大团结，表现新中国的性质是工人阶级领导的以工农联盟为基础的人民民主专政的社会主义国家。

就这样，中华人民共和国国徽的雏形在林徽因的笔端浮现出来：国徽中心为红地上的金色天安门城楼，城楼正上方的四颗金

色小五角星，呈半弧形状，环拱一颗大五角星。国徽四周由金色麦稻穗组成正圆形环，麦稻秆的交叉处为圆形齿轮；齿轮中心交结着红色绶带，分向左右结住麦秆下垂，并把齿轮分成上、下两部分。

1950年6月18日，中国人民政治协商会议第一届全国委员会第二次会议通过中华人民共和国国徽图案及对该图案的说明。9月20日，毛泽东主席指示公布中华人民共和国国徽。

人民英雄纪念碑建设造从1951年启动，当时林徽因的身体状况非常糟糕。彼时，她只能卧床工作，握笔也变得非常吃力，但就在那样的情况下，她依然主持设计了人民英雄纪念碑小须弥座花环。这一次的设计灵感来自1933年9月对云冈石窟的考察。

在由林徽因执笔的《云冈石窟中所表现的北魏建筑》一文中，对洞名、洞的平面及其建造年代、石窟的源流问题、石刻中所表现的建筑形式、石刻中所见的建筑部分、石刻的飞仙、云冈石刻中装饰花纹及色彩、窟前的附属建筑进行了详尽的表述。此文资料翔实，视角独到，是一篇不可多得的研究专著。

我阅读林徽因，不仅仅阅读她的文学作品。这位独一无二的女性，她有着飞翔的两翼，一翼是文学，是诗意的人生；另一翼是建筑学，是理性的思考与实践。读一篇林徽因的文学作品，再读一篇她在建筑学领域中的田野调查笔记抑或是理论综述。我就是这样跳跃式地阅读着，像一个精神分裂症患者，在最浪漫的诗人与最严谨的科学家之间游离着、切换着，迫使我不得不思考一个问题：为什么会有这样两种截然不同的思维模式并行不悖地存在于一个躯壳之内，还是一个如花般美丽娇柔的躯壳？

是啊，女人如花。林徽因主导设计的人民英雄纪念碑小须弥座花环最终选定了三种花"唯有此花真国色"的牡丹、"出淤泥而不染，濯清涟而不妖"的荷花和"此花开尽更无花"的菊花，分别象征高贵、纯洁和坚韧。

33. 生死为邻，两两相望

这个清明节，驾驶员先生和儿子会陪我去河北曲阳寻访石匠艺人，还要去北京八宝山革命公墓，去拜谒长眠在那里的建筑师林徽因。

下午3点的八宝山革命公墓依然人山人海。我们一点弯路也没走，就找到了二墓区结字组，穿过一人高的冬青常绿幕墙，二墓区便豁然出现在眼前。时值清明，大多数的墓碑前都摆上了鲜花和祭扫的供品，也有少数被遗忘的角落，碑身光秃秃的，看上去有几分寂寥。"不用使劲找，鲜花最多的那个就是！"入口处的工作人员说得一点也没错，建筑师林徽因之墓绝对是二墓区唯一一个特殊的所在，她被花簇拥着包围着，所有的春花都绽放在她的身边，鹅黄与洁白，浅粉与绛红，鲜花与绢花，花束与盆栽。"不是只有清明，平时也这样！”二墓区的保洁员低声说道。

我来拜会的人，她，近在咫尺。敬献手中的花束之前，我先俯身仔细帮她整理了一下墓碑周遭层层叠叠的花山。春风浩荡，花香环绕，无论生前还是身后，她在的地方都是明晃晃的、热热闹闹的，她光芒万丈地美丽着，是独一无二的中心，无人匹敌。

“思成，我们做个约定吧！”说这句话的时候，她的表情一定有几分俏皮。

“什么约定？徽因……”细听端详的那个人眼神也一定是热烈而又期待的。

“我们俩谁先走，剩下的那一个要给对方设计墓碑。”她清澈的眼眸里浮起一层蒙蒙烟雨。

“好！我答应你。”君子重诺，他这一诺值千金。

“好命的女人走在男人前头。”这句老话是我斗大的字不识半口袋的小脚奶奶说的，爷爷先她而去多年。奶奶是个大女人，一言九鼎，是个说一不二的主。她重男轻女的思维底色重创了我的童年，但她从小替代父母对我的养育又造就了我。

阅读林徽因的同时，我也在阅读着自己。我生命中的奶奶，有几分相似于林徽因生命中的父亲。林徽因用自己的乖巧、懂事、伶俐，在幽怨的母亲与春风得意的父亲之间保持一种平衡，父亲爱屋及乌，因为喜爱她，间或接济她的母亲一丝旧日的温情。每一个不得不懂事的小孩子心里都有秘不示人的伤痛。我很小的时候，就已经开始拼尽全力去向奶奶证明，我并不比她的任何一个孙儿差。

好命的女人走在男人前头，以此来观照林徽因，先走的她无疑是幸福的。

1934年4月发表在《学文》1卷1期上的《你是人间的四月天》，世人大多以为那是林徽因悼念徐志摩的诗。梁从诫先生在《倏忽人间四月天》中说："父亲（梁思成）曾告诉我，《你是人间的四月天》是母亲（林徽因）在我出生后的喜悦中为我而作的，但母亲自己从未对我说起过这件事。"

我说你是人间的四月天；
笑响点亮了四面风；轻灵
在春的光艳中交舞着变。

你是四月早天里的云烟，
黄昏吹着风的软，星子在
无意中闪，细雨点洒在花前。

那轻，那娉婷，你是，鲜妍
百花的冠冕你戴着，你是
天真，庄严，你是夜夜的月圆。

雪化后那片鹅黄，你像；新鲜

初放芽的绿，你是；柔嫩喜悦

水光浮动着你梦期待中白莲。

你是一树一树的花开，是燕

在梁间呢喃，——你是爱，是暖，

是希望，你是人间的四月天！

1955年4月1日，林徽因走完了51年的人生路。也许当年这篇饱含爱意的《你是人间的四月天》，就是她为自己“一身诗意千寻瀑，万古人间四月天”的人生预设好的结局。

君子重诺，当初的约定梁思成一天也没有忘记，他一笔一画地为她设计了墓碑。彼时，人民英雄纪念碑尚在施工中，经人民英雄纪念碑兴建委员会研究后决定，将林徽因亲手设计的人民英雄纪念碑小须弥座花环中的一块雕饰刻样用在她的墓碑上。他觉得自己的字写得不够好，他希望自己这件最最重要的作品是完美的，是无瑕的，是与她匹配的，于是就烦请她的同事莫宗江题写了“建筑师林徽因墓”。

“好好睡吧，等着我！我会来找你的。”

1972年1月9日，梁思成病逝于北京。因其生前是全国人大常委会委员，骨灰被安放在了党和国家领导人专用的骨灰堂。生同衾，死却不同穴。两两相望，生死为邻。

阅读接近尾声，书剩下薄薄的几页。阅读林徽因，便绕不过梁思成，这是骨血相连的两个人，一双人。

1926年，梁思成与林徽因还没有步入婚姻殿堂，在宾夕法尼亚大学的校园里，他们与另外同学合影留念。林徽因笑得灿烂无比，梁思成没看摄影师的镜头，转头看向自己的爱人。

1942年的一张照片里，林徽因卧病在床，梁思成与一群孩子陪在她的身边，他依旧不看镜头，视线还是锁定她。

最后一张照片无法确定详细时间，照片里的两个人，一个微笑，一个开心大笑，无视周遭，眼中只有彼此。

陪伴是最长情的告白，许我向你看，两两相望，生死为邻。也许这正是梁、林爱情的模样。

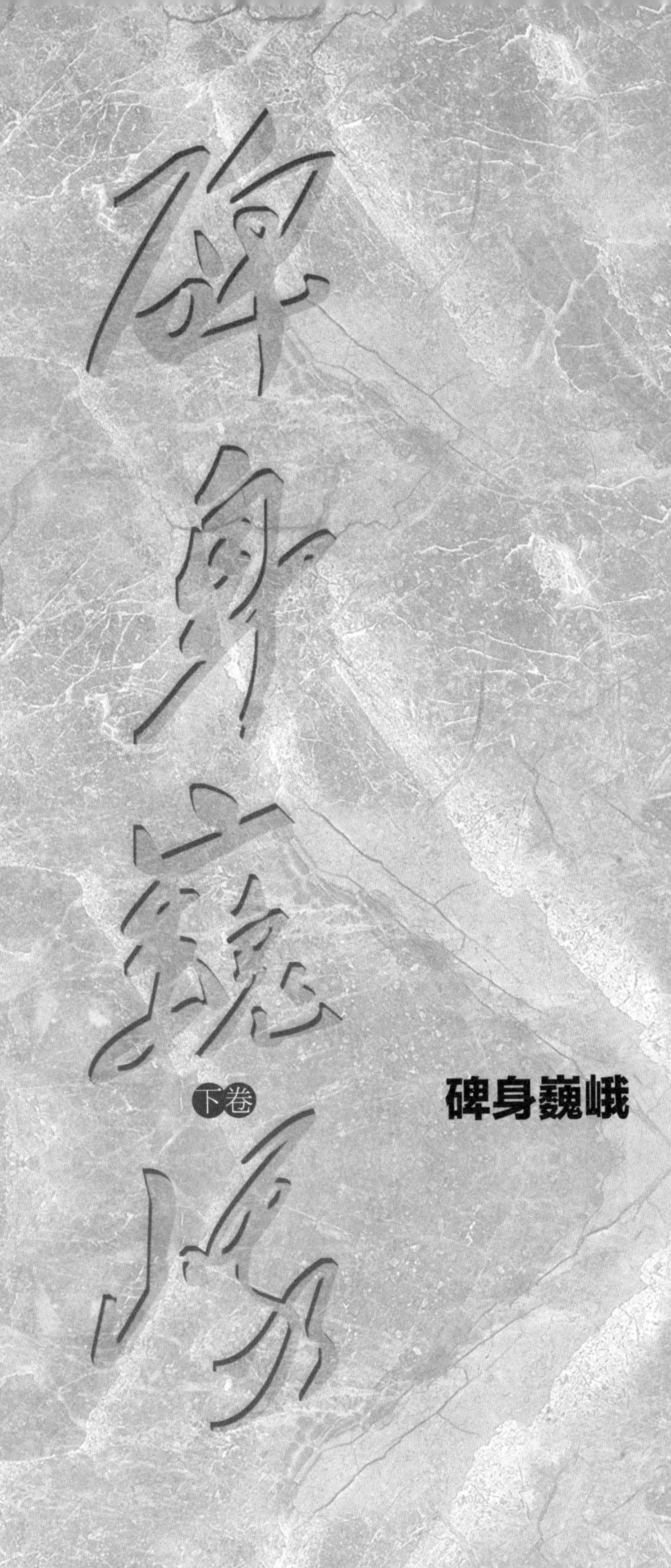

碑身巍峨

第十章　国家记忆

34. 从奠基石开始

曾经不止一次地拜谒人民英雄纪念碑，因着各种机缘，但从来没有想过，有一天我会执笔写一本关于它的书，穿越历史，感受崇高与纯粹。

那天暮色四合，长安街依旧明亮如白昼，清明时节的京城，杨花如雪。一家三口到西山为林徽因扫墓归来，踏着薄暮，来到天安门前，远远凝望人民英雄纪念碑。无须靠近，那上面的浮雕、花环、碑文甚至石材的纹理都了然于心，一闭上眼睛，那百年、千年的中华民族英魂，或顶戴花翎，或铁马冰河，或血衣伤痕，或战地黄花……他，她，他们，就会向我款款走来。在我眼中，他们不仅仅是浮雕人物、历史故事，更是我45岁人生的成长记录。第一次与他们相会时，我还只是一个被父亲扛在肩上的小女孩，终于见到了歌谣里的北京天安门，兴奋之余，更多的是被繁华惊呆后的小心翼翼。那时候的人民英雄纪念碑还是允许近距离抚摸的，借助父亲的身高，我得以摩挲那些镌刻在汉白玉石上的男人、女人的面孔，光滑，冰冷，他们的眼中没有我，他们看向别处。每次到北京，都会习惯性地去一趟天安门广场，看一眼人民英雄纪念碑，从为人女到为人妻，再到为人母。不记得从哪一年开始，游客不能登上纪念碑了，即便如此，我到北京必到天安门广场的习惯也没有改变，哪怕是坐车匆匆经过长安街，远望一眼，否则内心就觉得自己没有来过。

2018年国庆节前夕，拿到人民英雄纪念碑的选题，儿时第一次触摸人民英雄纪念碑的感觉倏地重现，兴奋夹杂着恐惧。那曾经被我滚烫的指肚抚摸过的英雄与瞬间，忽然变得陌生、遥远。他们被雕刻成不朽，永生在领袖龙飞凤舞的书写里，他们属于历史，属于国家，他们离我很近，亦很远。

在忐忑中开始了人民英雄纪念碑的寻访之旅，虎门、金田、武昌、北京、上海、南昌、南京，穿行在1840年至1949年之间，从中华民族的至暗时刻一直追寻到东方天晓。在安静的书斋里，一笔一画为人民英雄纪念碑造像，从雄浑的大须弥座起步，全景铺陈虎门销烟、金田起义、武昌起义、五四运动、五卅运动、南昌起义、抗日战争、胜利渡长江，透过八块浮雕，搜寻它们的建造者雕塑家曾竹韶、王丙召、傅天仇、滑田友、王临乙、萧传玖、张松鹤、刘开渠以及曲阳石匠，仰望人民英雄纪念碑的巍峨碑身，以国家的名义，用真实的力量，去重构、复活那一段国家记忆。

清明小长假，继续我的本书写作之旅。京畿杨花如雪如烟，天安门游人如织，这是游北京必到的打卡之地。不能近身观瞻的人民英雄纪念碑高耸入云，除了仰望，只能仰望。再恢宏的建筑也是从奠基石开始的，人民英雄纪念碑也不例外。

当陈志敬、陈志信两兄弟接到镌刻人民英雄纪念碑奠基石任务的时候，心脏“咚咚”打了一阵小鼓，时间紧、任务重！但二人互相看了对方一眼，四目相对，彼此心领神会，此时他们也迫切需要这样一个机会，一个证明自己的机会。

1949年9月，中国人民政治协商会议第一届全体会议在北平举行。会议上有委员提议，在北平城的重要位置竖立一座纪念物，以纪念在人民解放战争和人民革命中牺牲的人民英雄。这一提议，立即得到了与会委员的一致同意，但问题也接踵而来。委员们都同意将这一纪念物建造在城市的中心位置。

那么，新中国首都的中心要设置在哪里呢?

北京是五朝古都，但每个朝代的城市中心都不重叠，都有所不同，各有侧重。辽金时期北京的城市中心在今天的广安门外，到了元代，城市中心转移到今天的钟鼓楼一带，至明清，城市中心则移至东四、西四和前门附近，紫禁城是城市的中心。

这座纪念物很快便有了自己的名字:人民英雄纪念碑。那它到底要建在哪里呢?

有人主张将人民英雄纪念碑建在西郊八宝山上,有人主张建在东单广场,更多的人主张建在天安门广场上,各种意见相持不下的时候,最终周恩来建议,支持将人民英雄纪念碑建在天安门广场上。

经过多次会议讨论,委员们的意见基本达成一致,最终决定将人民英雄纪念碑建在天安门广场上。但具体的位置尚待确定。有委员提议将人民英雄纪念碑放在前门楼上;有的委员建议建造在中华门以南,即现在毛主席纪念堂的位置;还有委员说,拆除端门的城楼,将人民英雄纪念碑放在端门的台基上。很快,这三个方案被收集起来送至毛主席面前,主席全部给予了否定,否定的理由是,把新建筑放在古建筑群中显得不伦不类。这时,周恩来说出了他的想法:可以把人民英雄纪念碑建在天安门广场五星红旗旗座之南,紫禁城的中轴线上。周恩来的这个提议并非一时起意,会议间隙,他多次登上天安门城楼,环顾四周,研究纪念碑与天安门之间的空间比例关系,从而给出了"五星红旗旗座之南"的建议。这一建议获得了委员们的一致赞同。纪念碑修建位置就这样确定了。随即,就有人提出了新的问题:人民英雄纪念碑奠基仪式何时举行?作为奠基仪式不可或缺的奠基石,要由谁来制作呢?

人多力量大,集体的智慧是无穷的,有一个委员建议道:北平最有名的碑文篆刻师陈志敬堪担此重任。

从善如流的政协工作人员立刻赶往了陈志敬家。一阵寒暄过后，简明扼要地道明来意，希望陈师傅勇挑重担，镌刻人民英雄纪念碑的奠基石，字数大约150个，一周之内必须完成。彼时奠基时间已经确定，只能倒逼奠基石的镌刻工期。

陈志敬是琉璃厂陈云亭镌碑处的传人，他的父亲陈云亭是民国时期技艺高超的镌碑人，据说能仿制古碑以假乱真。陈家祖孙三代，先后在琉璃厂从艺，他们的镌碑技艺在当时的镌碑手艺人中首屈一指。京城孔庙、钟鼓楼、颐和园等处都有陈氏一脉的石刻。

以陈志敬、陈志信的镌碑手艺，雕刻这块奠基石本没有什么难度，按照以往正常的流程来说，工期在一个月左右。但是人民英雄纪念碑奠基石，只给了陈师傅不到一周的时间，即必须在9月30日前完成。按照以前的工艺流程，一周的时间仅够选材、备料。非常时期只能采取非常手段，陈家祖传镌碑技艺，家中存有不少旧碑，所谓的“旧”只是存放了有些个年头，石材仍是上乘。接下来的几天里，陈志敬、陈志信两兄弟，用日夜不息的车轮战术，耗时五天赶制完成了人民英雄纪念碑的奠基石镌刻，也算是刷新了陈氏镌碑的历史记录。

9月30日上午，陈志敬将奠基石送到了天安门广场。

黄昏时刻，在落日的余晖中，3000多名首都各界群众和600名政协委员齐聚在天安门广场，共同见证人民英雄纪念碑奠基仪式。

奠基仪式上，毛主席面向广场上的群众宣读了人民英雄纪念碑的碑文：

三年以来，在人民解放战争和人民革命中牺牲的人民英雄们永垂不朽！

三十年以来，在人民解放战争和人民革命中牺牲的人民英雄们永垂不朽！

由此上溯到一千八百四十年，从那时起，为了反对内外敌人，争取民族独立和人民自由幸福，在历次斗争中牺牲的人民英雄们永垂不朽！

此碑文中的“三年以来”是指从1946年到1949年的解放战争时期；“三十年以来”是指以1919年五四运动为起点的新民主主义革命时期，标志着新民主主义革命的开始；最后“上溯到一千八百四十年”是指以1840年鸦片战争为起点的整个民主革命时期。这三个时间段中，都有中国爱国志士为了民族独立、人民解放而不屈抗争。

奠基仪式结束后，人民英雄纪念碑的建造工作正式启动。

70年后的清明节，我沿着当年陈志敬送完人民英雄纪念碑奠基石回家的路线一路寻访，从琉璃厂西街一路向西，复又至东街一路向东，却遍寻不见琉璃厂261号陈云亭镌碑处旧址。

来得有点太早，大多数店铺没有开门纳客。只有为数不多的几家店早早地开了门，推门欲进，守店的伙计伸手相拦：“几位再等会儿！9点！”

那就再等会儿吧！事缓则圆，想找的总能找到。

35. 梁思成方案

阅读林徽因的时候,有一个男人是绕不过去的,他总会时不时跳出来,那就是与她血脉相连、休戚与共的爱人梁思成。《国碑》的撰写临近尾声,蓦然发现,人民英雄纪念碑从无到有、从设计到筑造的历程中,梁思成亦是一个绕不去过的名字。

人民英雄纪念碑奠基典礼结束后,北京市聘请了专家组统领纪念碑的设计工作,梁思成、林徽因双双入选,成为专家组成员。纪念碑设计方案征集工作随即启动,此举借鉴了之前的国旗、国徽和国歌的征集模式,面向全国,广发英雄帖,全国各族人民都可以参与。鉴于人民英雄纪念碑的专业性,特别面向全国各建筑设计单位、大专院校建筑系发出征集通知。到1951年,北京市都市计划委员会共收到140多件各种形式的设计方案,征集截稿后,最后统计为240多件。或许是投稿人对征集方案的理解存在偏差,大量的来稿将纪念碑设计为纪念塔。在人民英雄纪念碑之前,中国的传统建筑中,从来没有一个这样高大的以指向天空为精神主旨的建筑物。从某种意义上来说,人民英雄纪念碑超越了彼时人们对纪念建筑的认知和想象。

经过反复的筛选和比对,专家组将征集到的设计方案分为了三个大类:平铺地面的矮型建筑、巨型雕像建筑和高耸的碑形或塔形。人民英雄纪念碑的设计工作,参与者甚多,集合了当时中国最优秀的建筑师、美术家、雕塑家。大艺术家云集之地，必定也是各种思想与流派激荡之地，他们各抒己见，最大的分歧集中在纪念碑是采用雕塑形式还是碑的形式。

此时，梁思成力排众议，又自定了人民英雄纪念碑的碑形的设计方向。他的理由是，如果采用雕塑建筑群，将会破坏天安门前古建筑群的和谐与统一。梁思成深知，人民英雄纪念碑，是以国家之名纪念自鸦片战争以来，跨越百年的人和事。梁思成觉得用具体的雕像呈现这段中国大历史几乎是不可能的。在林徽因的协助下，梁思成综合了所有的设计理念，形成了一个“梁思成方案”，采用中国古代石碑的建筑样式筑造新中国的具有祭祀功能的纪念碑。

“梁思成方案”并未在第一时间内获得认可，被再三质疑，但执拗的梁思成寸步不让，纪念碑设计工作一度陷入僵局。

作为妻子的林徽因，是梁思成最坚定的支持者。在一次讨论会上，她开诚布公地说：任何雕塑和群雕都不可能和毛泽东亲笔题写的“人民英雄永垂不朽”以及周恩来撰写的碑文并存一处。她认为，唯有碑形的纪念碑才能承载，雕塑可以作为纪念碑的装饰，与碑形主体并行不悖。

“梁思成方案”最终被呈送至中央，得到了周恩来的批复：同意人民英雄纪念碑以碑为形，以碑文为主体。

在确定了人民英雄纪念碑以碑为主体之后，专家组又因为碑身的形状再次发生争执，设计组一共设计完成了八组方案，其中三组虽然各有瑕疵，但都获得了专家的初步认可，一时难以抉择。设计组没有征求梁思成的意见，将专家选出的三组方案一并呈报给了中央。中央决定：将这三个纪念碑设计方案做成微缩模型，同时置于天安门广场，让人民群众做出取舍。展览前言这样写道：

为了纪念伟大的，在人民解放战争和人民革命、民族解放、民主运动中牺牲的人民英雄，中国人民政治协商会议第一届全体会议决定在首都建立人民英雄纪念碑。一九四九年九月三十日下午六时，毛主席率领全体政协委员在天安门广场举行了奠基典礼。从那时起，纪念碑的设计工作便已开始进行。由于全国人民对人民英雄纪念碑高度的热忱与关怀，大家不断用图样、模型、文字或口头提出各种设计方案和建议。先后计二百余件，表达了多式多样的意愿。兴建委员会光荣地担负起了这个任务。在负责首长的领导下，各方专家的协助下，全国人民的鼓励下，设计方面，肯定了碑的造型，并正在进行浮雕和装饰花纹的画稿及造型的技术设计；工程方面，除已打好地基，并进行了明年的施工准备和采运石料等工作。这次展览的目的，就在介绍上述设计工作的演进过程和一些尚未完全成熟的画稿草案，我们诚恳地期待着你们宝贵的意见。

人民英雄纪念碑交由人民群众选择，中央的批复急坏了梁思成。微缩模型在天安门广场上展出期间，最受欢迎的设计方案呼之欲出。专家与人民群众均对其中的一个设计寄予厚望。这个设计的高度参照了天安门的高度，与城楼等高。模型的碑头是正方体，上面有五颗星，参照国旗五星的布局设计。碑体是立方柱，用来镌刻碑文。碑体下方为须弥座，四周可以雕刻浮雕。须弥座下方是一座红色的高台，中间开了三个门洞，形似天安门城楼下的三个门洞。彼时的梁思成抱病休养，他时刻关注着展出的进展情况和结果，食不知味，夜不能寐。深思熟虑之后，他提笔给当时的北京市市长彭真写了一封信，历陈自己的观点。

彭市长：

都市计划委员会设计组最近所绘人民英雄纪念碑草图三种，因我在病中，未能先做慎重讨论，就已匆匆送呈，至以为歉。现在发现那几份图缺点甚多，谨将管见补谏。

以我对于建筑工程和美学的一点认识，将它分析如下。这次三份图样，除用几种不同的方法处理碑的上端外，最显著的部分就是将大平台加高，下面开三个门洞。

如此高大矗立的，石造的，有极大重量的大碑，底下不是脚踏实地的基座，而是空虚的三个大洞，大大违反了结构常理。虽然在技术上并不是不能做，但在视觉上太缺乏安全感，缺乏“永垂不朽”的品质，太不妥当了。我认为这是万万做不得的。这是这份图样最严重、最基本的缺点。

在这种问题上,我们古代的匠师是考虑得无微不至的。北京的鼓楼和钟楼就是两个卓越的例子。它们两个相距不远,在南北中轴线上一前一后鱼贯排列着。鼓楼是一个横放的形体,上部是木构楼屋,下部是雄厚的砖筑。因为上部呈现轻巧,所以下面开圆券门洞。但在券洞之上,却有足够高度的"额头"压住,以保持安全感。钟楼的上部是发券砖筑,比较呈现沉重,所以下面用更高厚的台,高高耸起,下面只开一个比例上更小的券洞。它们一横一直,互相衬托出对方的优点,配合得恰到好处。

但是我们最近送上的图样,无论在整个形体上,台的高度和开洞的做法上,与天安门及中华门的配合上,都有许多缺点。

(1) 天安门是广场上最主要的建筑物,但是人民英雄纪念碑却是一座新的,同等重要的建筑;它们两个都是中华人民共和国第一重要的象征性建筑物。因此,两者绝不宜用任何类似的形体,又像是重复,而又没有相互衬托的作用。天安门是在雄厚的横亘的台上横列着的,本身是玲珑的木构殿楼。所以英雄纪念碑就必须用另一种完全不同的形体;矗立峋峙,坚实,根基稳固地立在地上。若把它浮放在有门洞的基台上,实在显得不稳定,不自然。

由下面两图中可以看出,与天安门对比之下,下图(图一)的英雄纪念碑显得十分渺小，纤弱，它的高台仅是天安门台座的具体而微，很不庄严。同时两个相似的高台，相对地削减了天安门台座的庄严印象。而下图(图二)的英雄碑，碑座高而不太大，碑身平地突出，挺拔而不纤弱，可以更好地与庞大、龙盘虎踞、横列着的天安门互相辉映，衬托出对方和自身的伟大。

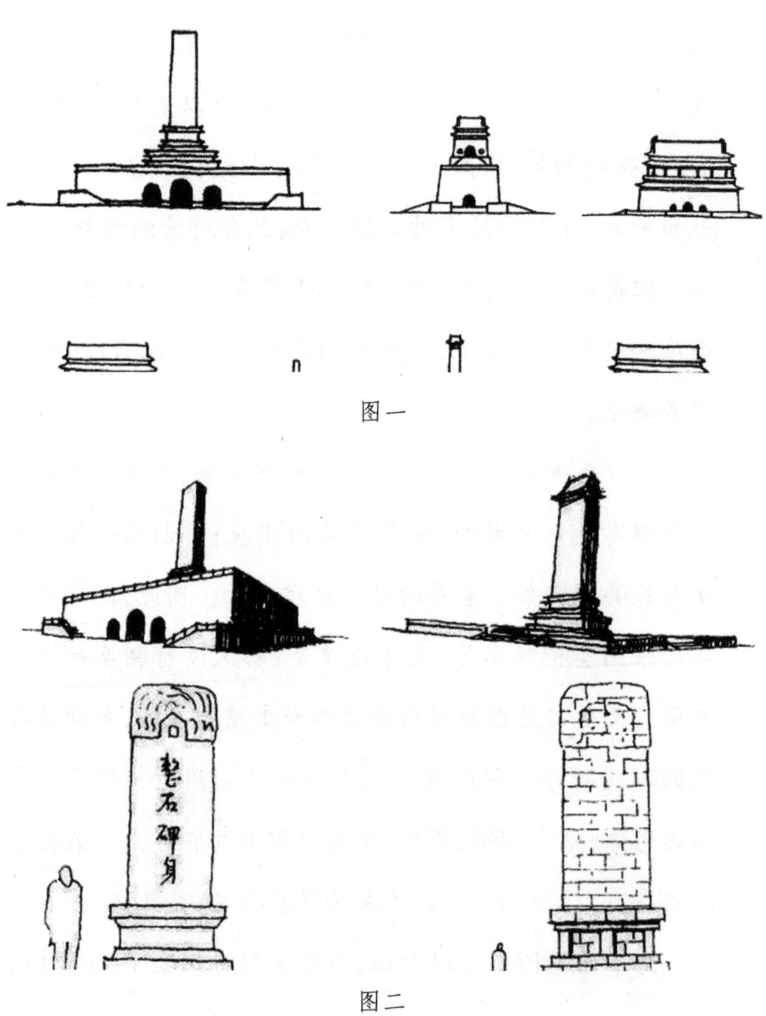

图一

图二

(2) 天安门广场现在仅宽100公尺，即使将来东西墙拆除，马路加宽，在马路以外建造楼房，其间宽度至多亦难超过一百五六十公尺。在这宽度之中，塞入长宽约40余公尺，高约六七公尺的大台子，就等于塞入了一座约略可容一千人的礼堂的体积，将使广场窒息，使人觉得这大台子是被硬塞进这个空间的，有硬使广场透不出气的感觉。

(3) 这个台的高度和体积使碑显得瘦小了。碑是主题，台是衬托，衬托部分过大，主题就吃亏了。而且因透视的关系，在离台二三十公尺以内，只见大台上突出一个纤瘦的碑的上半段。所以在比例上，碑身之下，直接承托碑身的部分只能用一个高而不大的碑座，外围再加一个近于扁平的台子（为瞻仰敬礼而来的人们而设置的部分），使碑基向四周舒展出去，同广场上的石路面相衔接。

(4) 天安门台座下面开的门洞与一个普通的城门洞相似，是必要的交通孔道。比例上台大洞小，十分稳定。碑台四面空无阻碍，不唯可以绕行，而且我们所要的是人民大众在四周瞻仰。无端端开三个洞窟，在实用上既无必需；在结构上又不合理；比例上台小洞大，“额头”太单薄；在视觉上使碑身飘浮不稳定，实在没有存在的理由。

总之，人民英雄纪念碑是不宜放在高台上的，而高台之下尤不宜开洞。

至于碑身，改为一个没有顶的碑形，也有许多应考虑之点。传统的习惯，碑身总是一块整石。这个英雄碑因碑身之高大，必须用几百块石头砌成。它是一种类似塔形的纪念性建筑物，若做成碑形，它将成为一块拼凑而成的“百衲碑”，很不庄严，给人的印象很不舒服。关于此点，在一次讨论会中我曾申述过，张奚若、老舍、钟灵，以及若干位先生都表示赞同。所以我认为做成碑形不合适，而应该是老老实实的多块砌成的一种纪念性建筑物的形体。因此，顶部很重要。我很赞成注意顶部的交代。可惜这三份草图的上部样式都不能令人满意。我愿在这上面努力一次，再草拟几种图样奉呈。

薛子正秘书长曾谈到碑的四面各用一块整石，4块合成，这固然不是绝对办不到，但我们不妨先打一下算盘。前后两块，以长18公尺，宽6公尺，厚1公尺计算，每块重约215吨；两侧的两块，宽4公尺，各重约137吨。我们没有适当的运输工具，就是铁路车皮也仅载重50吨。到了城区，4块石头要用上等的人力兽力，每日移动数十公尺，将长时间堵塞交通，经过的地方，街面全部损坏。

无论如何，这次图样实太欠成熟，缺点太多，必须多予考虑。英雄碑本身之重要和它所占地点之冲要都非同小可。我以对国家和人民无限的忠心，对英雄们无限的敬仰，不能不汗流浃背，战战兢兢地要它千妥万帖才放胆做去。

此致

敬礼！

梁思成

1951年8月29日

随信附上的是梁思成重新设计的人民英雄纪念碑设计方案。

接到梁思成的来信，在认真审视他一点一线勾画出的设计稿之后，彭真市长陷入深深的思索中。这是一位有风度、有风骨、让人肃然起敬的建筑师。他可以不发声，因为在病中休养，图样呈送一事他并不知情。他可以选择沉默，设计的缺憾与弊端在施工的过程中自会一一显现，建筑基于严谨的科学之上，失之毫厘谬以千里。然而，梁思成没有选择沉默，他站了出来，宁可站在所有人的对立面，也坚持发出自己的声音。支持他发声的，不仅仅是勇敢，还有最纯粹的学术良心，以及对国家最深切、诚挚的大爱。

梁思成的这封来信，成为人民英雄纪念碑设计中具有“一信定音”意义的学术论断，“梁思成方案”最终成为主导人民英雄纪念碑设计和施工的理论奠基石。

36. 国碑有颗青岛“心”

车沿着荣乌高速疾驰，目的地是青岛。

沉甸甸的双肩背包里有笔记本电脑和厚厚几本龙飞凤舞的采访本，人民英雄纪念碑浮雕部分的采访结束后，便开始启动《国碑》一书的写作，在随后外出做补充采访时，会习惯性地把之前所有的采访资料、写作工具带在身边，以备随时翻阅。有时候人在旅途，几乎被疲惫击垮，一天下来根本没有精力再在众人安睡、星辰为伴的夜里查阅、阅读、写作，甚至有几次将采访包收拾齐整带出去，又原封不动地原样带了回来。即便如此，每一次启程，我依然会这样做，这是属于我的文学执念。胸廓里的心是鲜活的，怦怦狂跳，有节奏地律动，为文学而律动。

高速公路的指示牌开始高密度地出现“青岛”二字，目的地近了。青岛，中国近代史中一个非常重要的城市，它的归属点燃了红楼的青春之火。百年过去了，爆发于民族危难之际的那场以先进青年知识分子为先锋、广大人民群众参加的彻底反帝反封建的伟大爱国革命运动，拉开了新民主主义革命的序幕；那场传播新思想新文化新知识的伟大思想启蒙运动，以磅礴之力鼓舞着中国人民和中华民族实现民族复兴的信心。五四广场的“风”从来就没有停止过。但是我这次的青岛之行，并非仅仅去吹吹那场旷日持久、影响至深的“风”，而是寻找“心”。一颗不同于我胸廓中血流汩汩的心，它保持着静寂，大音希声；它性情内敛坚毅，坚硬无比，具有永垂不朽的特质。

其实，早在半个多世纪之前，对这颗“心”的寻找就开始了。这段尘封的记忆被完整地保存在青岛交通集团的道路交通博物馆。交运集团青岛文化传媒有限公司董事长刘增平已经在博物馆里等候我们多时了。

1949年9月30日，中国人民政治协商会议第一届全体会议上，确立了要在天安门广场上修建一座纪念碑的方案。随后，中央及地方共17个单位组成了人民英雄纪念碑兴建委员会，开始筹备纪念碑的建设工作。北京市建设局的留美归国硕士陈志德被兴建委员会调到工程事务处土木施工组任组长，负责在全国范围内找到一块约300吨的碑心石，满足人民英雄纪念碑碑心石约15米长、3米宽、1米厚的设计要求。经过三个多月的资料翻阅和实地考察，反复分析、对比、实验，青岛浮山花岗岩进入了陈志德的视野。

青岛崂山按其山脉的自然走向，可分为四个支脉，分别是巨峰支脉、三标山支脉、石门山支脉、午山支脉。其中，午山支脉在崂山区的西南部，由观崂石屋向南西下，有磨石屋、松山、小崂顶、烟台顶，南九水河以西和张村河东南有鲁度山、莲花山、平顶山等，迤西为午山、石老人，又西断而复起为浮山，北去为错埠岭、末山、孤山、四方岭。这其中的浮山，因山巅常有浮云缭绕，峰顶如浮在云中，故山名为“浮峰山”，当地人则简称“浮山”。

浮山大约形成于白垩纪，形成年代距今至少1.3亿年。这里的花岗岩，石英多、云母少，耐风化、石质坚硬，且颜色素雅，以肉红、灰白两色为主，被地质学家称为“青岛岩”，被世界石材组织评定为“全球四大名牌石材”。后来，浮山石也被用来建筑人民大会堂、旅顺雷锋纪念碑、徐州淮海战役烈士纪念塔、济南英雄山革命烈士纪念塔、毛主席纪念堂以及南极长城站纪念碑等。这也佐证了人民英雄纪念碑兴建委员会施工组专家们独到的选材眼光是经得起时间检验的。

1953年3月，青岛石料厂接到了开采人民英雄纪念碑碑心石石材的通知。消息传来，全厂沸腾。石料厂连续一周天天开会，向全厂工人强调这一任务的重要性与艰巨性。

激动与兴奋过后，石料厂迅速冷静下来，当前的首要任务是在浮山挑选出一块完整无损的石头，并且尽快确认石头的成色。厂里出动了最有经验的老石匠，他们走遍了浮山大大小小的角落，最后在浮山的大金顶找到了理想的原石。只有浸水才能看出石材的品相。工人们就从山下挑水到山上，把水泼在石头表面，经过一天的观察，确认这块石头没有裂纹，表面平滑不存水。所有人都松了一口气。

然而没轻松多久，石料厂又犯了难。完整地开采出一块300吨的石材坯料对他们来说是破天荒的第一次，当时的采石工艺十分落后，别说电气化开采设备，压根就没有电，唯一带“电”字的工具就是装一号干电池的手电筒。

在青岛交通集团道路交通博物馆的人民英雄纪念碑展区，橱窗里摆放着一排手电筒，时间在坚硬的外壳上锈出了斑驳印记，它们星罗棋布，一个又一个不规则的图案，像一组组暗藏玄机的密电码。其中的一块锈渍像一只智慧的眼眸，穿越半个多世纪看着我。眼光平和，向岁月无声告白。

采石难倒了人民英雄纪念碑施工组从南京、上海请来的专家，他们在巨石前一筹莫展，一时间愁云惨淡万里凝。这时，几名青岛当地采石工悄悄向施工组组长陈志德献计，崂山脚下的清石峪，村里有个被称为“石神”的开山工，如果能请他出山主持采石，这事就八九不离十了。

即便是请到了号称“石神”的石匠李开山，人民英雄纪念碑碑心石石料的开采也是一波三折。李开山选择了传统的放闷炮开采法，在目标石材周遭确定一处平整的石壁，画出待采石坯，沿着长方形石材边缘线凿炮眼。填装炸药是精细活，炸药分量要控制精准，多了可能炸坏石坯，少了又无法使石坯与岩壁分离。李开山不敢假手他人，他仔仔细细地反复核算了炸药，亲自上阵填装。一阵沉闷的爆炸声过后，碑心石石料只有两个边缘被炸出了罅隙，另外两边完好无损。

“再放一次闷炮？”

“不行。”李开山斩钉截铁地回绝。闷炮只能放一次，再放恐怕会伤到石料。

李开山上溯三代都是开山工，他生在山脚下，长在大山里，对这座山的每一块石头都熟记在心。人民英雄纪念碑碑心石要在浮山取材的消息不胫而走，李开山闭着眼睛想了想，在脑海中过了一遍大山的样貌，他知道只有浮山大金顶的石料能满足要求。果然，不久便传来消息，石料厂与外地来的专家们都把目光锁定在了大金顶。

在李开山的心里，大山有魂，大山也有灵，尤其是大金顶的石头，更是一块灵石。他预感到碑心石石料的开采不会太顺利，所以当人民英雄纪念碑施工组和石料厂找上门来时，李开山也没有觉得太意外。

闷炮绝不能再放了，李开山带领一众石工把100根钢楔子一根根砸进石料未开裂的两边。然而原本锋利尖锐的楔子在坚固的花岗岩前败下阵来，石料未被撼动分毫。

这天夜里，李开山独自登上大金顶，他陪着大山坐了一夜，说了一宿的话，那话既是劝慰大山的，也是安慰自己的。他和大山都知道，没有了大金顶的浮山，将会迎来怎样的命运。山风呜咽，为未知哀号，李开山下定了决心。

第二天一早，李开山带领工人们上到大金顶，在碑心石石料周围选了一块平整的岩体，沿四周挖5米多深的槽，将碑心石石料凸现出来，在大石料底部每间隔半米用钢管打上通孔，从石料底部穿过，再凿出楔子眼，将上宽下窄的楔子砸在里面，几十人用大锤逐个加压，使石块胀裂。此法为开山古法，谓之“蚂蚁啃骨头”。三个月之后，1953年7月，重达300吨的人民英雄纪念碑碑心石石料与大山母体剥离，毫发未损。工人们随即对碑心石石料进行了第一次加工整形，减重至280吨，随后又在开采地半山腰平坦的地方进行了二次加工，重量减为103吨。

又一个考验接踵而来。选石料，踏破铁鞋无觅处；采石料，柳暗花明又一村；接下来就是要将这块巨石安全地运送到北京天安门广场，人民英雄纪念碑的建设现场。

在中共青岛党史中，有关采运过程的记载寥寥数语："1952年9月，青岛建筑工程公司第一石料厂开始对石料毛坯进行开采和粗加工。1953年3月31日，石料开采正式动工，采用人工凿挖方式，共138块58.6立方米。8月底，碑心石开始运送。青岛市搬运公司起重队工人以及来自北京修建纪念碑的工人、鞍山钢铁公司技术工人等，利用枕木、铁轨、千斤顶、吊钩、铁磨等原始工具，通过绞、磨、推、吊、拉等方法，以每天500米的速度，历时一个多月将石料运到孟庄路车站。10月6日，石料由青岛火车站启运，13日运抵北京。"

历史文献从来都是这样，言简意赅，只有时间节点与前因后果，客观记录，不掺杂任何的情感因素，没有情节，只有结局。

2009年，道路交通博物馆牵头编著了一本画册《历史的丰碑》，献礼中华人民共和国60华诞，刘增平任主编。

"你为什么对那一段历史这么感兴趣？"

"两个原因吧，一个是职业自豪感，我所在的青岛交运集团当年承担了运输人民英雄纪念碑碑心石石料的运输任务，还有一个原因是私人的，我父亲当年就是运输队的一员，我是接他班上岗的，这是一种职业的传承，更是一种精神的传承。”

1953年8月29日，人民英雄纪念碑碑心石石料搬运工作正式开始。

从采石场到孟庄路的货运铁路线站点约30公里，途中要经过4个村庄、一个山岭、10处桥梁，还有交通繁华的市内街道……如果从采石场临时修一条铁路直达专用铁路线，不仅造价不菲，而且时间也来不及。由12名起重运输队工人组成的核心团队凭借多年经验建议采用滚木及拖拉机牵引滚移的古老办法，解决这个搬运难题。正式开始运输前，相关运输人员专门到浮山采石现场，勘察路面，特别对所有的拐弯处做了实地测试。山东省青岛市搬运公司还邀请了专家、业务骨干进行座谈，设计具体运输方案。当时的大料搬运委员会由山东省联运公司青岛分公司（交运集团前身）及其下属的山东省青岛市搬运公司、浮山料石总厂（青岛市浮山第一石场）、台东区公安分局、铁道部四方机车车辆厂等单位联合组成。

大料搬运委员会最终决定不用圆木，改用鞍山钢铁厂提供的无缝钢管初坯。在一无装卸机械、二无大型运输工具的情况下，工人们利用原始作业工具，通过绞、磨、推、拖、吊、拉等方式进行作业。碑心石石料装在一个9吨重的铁排子上，下面做成木床，用四个“油千斤”顶着，下面铺上垫木和枕木，系上钢丝绳，用三台进口大马力拖拉机牵引，缓缓移动，每前进一段距离，再把原来在最后面的枕木移到最前面去，如此循环往复。300多人的运石突击队护送着人民英雄纪念碑碑心石石料，30公里的路程走了整整34天。运输团队专门组织了修路拆房队开道，还有警察站岗，民兵护卫，队伍走到哪里，一行人的帐篷就搭到哪里，晚上直接睡在帐篷里。青岛市民们也自发组成欢送队伍，一路夹道相送。碑心石石料途经王家麦岛、徐家麦岛、辛家庄、浮山所、湛山、延安三路，因为道路狭窄，不得不拆除了五间民房。得知这块巨石的意义和用途，村民们毫无怨言，一致表示自愿拆屋。后来，在碑心石石料安然通过此路段后，当地政府又出资将村民的房舍一一补修完整。

9月27日，人民英雄纪念碑碑心石石料运到孟庄路石油公司专用铁路。青岛大料搬运委员会专门从东北电业管理局发电厂借来一节当时在全国载重量最大的平盘车厢，但这节车厢载重量只有90吨，专家现场研判，最终按90吨车皮超载10%估算。工人们又对大石料进行了加工。94吨的人民英雄纪念碑碑心石石料在爆竹声、锣鼓声、欢呼声中启程发往北京。

10月13日，运石专列抵达北京。朱德率领队伍在车站举着彩旗、敲着锣鼓迎接。护送碑心石石料进京的青岛搬运公司起重队17名工人又用老办法，在北京的公路上用钢管交替铺垫，滚动运输，从前门西站到广场纪念碑工地，又耗时3天，这颗备受瞩目的“青岛心”才最终抵达目的地。1954年，北京市人民政府对大石料采运工作人员进行了嘉奖通报。喜讯传来之时，整个青岛为之沸腾。

“刘先生，您父亲还健在吗？”

“走了,他们那一代人几乎都走了。这里面有他们当年的照片,”刘增平递给我一本画册,“我希望用这样一种方式纪念那段岁月,那代人,那种精神。”

走出道路交通博物馆,根据刘增平的指引驱车前往浮山。他说,那里已经不是从前的模样了,青石峪村已经不复存在,成为城市社区,而浮山石也早已被禁止开采了。

我还是坚持前往,去实地感受一下“青岛心”生发、生长的地方。

眼前的景象果然如刘增平所说,在御景峰小区门口,我与门口执勤的保安攀谈了几句。他是本地人,他说我们脚下就是当年的村庄。村里也已经没有石匠了,至于“石神”,只听说过,没见过。他调侃着补充了一句:“现在哪里还有什么‘石神’,机械化才是神!”

浮山与沧海为邻,其实在时间的长河里,无论山还是海,他日都有可能变为桑田。就如同浮山,不过70年的光景,整座山已经消失了,变成地基,长出一幢幢高楼大厦,长成了闪耀万家灯火的“御景峰”。

御景峰小区门口人来人往,诸般红尘世相。小区里的路面、台阶、路缘石以及景观石皆为就地取材,浮山不在,浮山处处在。

我笃信万物有灵,巨石它只是顺应天意,变换了一个地理空间,它千里奔袭到达天安门广场上,任工匠千锤百炼,它一声不吭,咬牙坚持。巨石知道,它身上承载的是民族的精神、国家的记忆，当经过斧凿刀刻的淬炼之后，它将会永远地昂扬矗立在那里，肩负着永垂不朽的职责。

37. 曲阳石匠今安在

清明小长假出行，路线是先取道曲阳而后入京。相较曲阳而言，北京对我来说更熟悉一些，那里曾经是我的求学之地，更有一群有着共同记忆或志趣相投可以同频共振的老师、同学和朋友。而曲阳，是一片全然的陌生。

临行前，在万能的微信朋友圈寻求支持，果然不负所望。一个微信好友有一个曲阳的同学，而那个同学恰好认识曲阳的石雕艺人田顺儒。田顺儒师承卢进桥，卢进桥先生参与了曲阳县大理石厂的建设，曾为首都十大建筑提供上好的石料，也曾进京参与了毛主席纪念堂汉白玉雕刻工程。卢进桥先生则师承刘东元，而刘东元先生参与了人民英雄纪念碑北面浮雕《胜利渡长江》中的“支援前线”部分的雕刻。无论是八块浮雕还是纪念碑四周环绕的汉白玉栏杆以及下层大须弥座束腰，都沁着曲阳石匠的心血与汗水。

在曲阳县顺儒雕塑有限公司的会议室里，清茶香溢一室，端坐在集老照片、荣誉证书、奖旗奖杯、精品石雕作品于一体的背景墙前,田顺儒侃侃而谈。参与人民英雄纪念碑石雕工作的曲阳石匠都是当时技艺最成熟最精湛的工匠,他们的年龄在30岁到50岁之间,如今已经没有一个健在的了。

人民英雄纪念碑兴建委员会成立,按照人民英雄纪念碑的设计方案,专家们做了认真的分析、研究,新中国百废待兴,建设筑造大规模、高标准的纪念碑浮雕,在当时的技术条件下,绝非易事。彼时,有人建议人民英雄纪念碑由中国的建筑师、雕塑家、画家设计,从苏联聘请雕刻家和工艺师来承制。这一提议在当时颇具合理性,暂时获得了大家默许。然而,"邀请苏联专家进行纪念碑雕刻工作"的消息却让一个人辗转难眠。这个人就是时任北京市委秘书的曲阳人刘汉章。

曲阳石雕肇始于汉,兴盛于唐,至元达到顶峰,曾出现过元代大都石局总管杨琼等雕刻名家。从元大都的建设到明清北京的建造,尤其是北京中轴线上的石雕作品几乎都出自曲阳历代石匠之手。刘汉章祖籍曲阳县西羊平村,从小耳濡目染,他对家乡的雕刻技艺满怀信心。于是,他鼓起勇气走进了时任北京市政府秘书长薛子正的办公室。

"薛秘书长,我想毛遂自荐,推荐我家乡的石匠承担雕刻人民英雄纪念碑浮雕的任务。"

"哦,说来听听!"

刘汉章向薛子正详细介绍了自己的老家曲阳石雕的悠久历史以及元代大都石局总管杨琼的逸事与传说。刘汉章说,杨琼的后人杨春元1917年成立了永春发工艺社，是近代曲阳石雕祖师爷级的人物。杨志卿、刘润芳是杨春元的弟子，冉景文、刘东元等人则是弟子的弟子。

“我相信我们曲阳石匠完全有能力承担人民英雄纪念碑的雕刻任务。”

刘汉章激情澎湃的陈述激起了薛子正对曲阳石匠的兴趣，但他也不敢贸然下决定，沉吟了片刻，薛子正说：“先找一位石匠来试试吧，拿出作品来，咱们用事实说话。”

半个多世纪前，在北京，有一位声震京城的曲阳石匠冉景文，他十几岁就到北京琉璃厂，专为古董商做仿古雕刻，他的仿古作品以假乱真，即使是内行也难以分辨。因为是老乡，平素也有些往来，这一天，刘汉章来到了冉景文在东裱褙胡同的住处，原本刘汉章以为要费些唇舌才能说服冉景文，谁料想他只简单说明了一下来意，冉景文便欣然应允。新中国让所有人看到了新希望，每一个中国人都热切地期待着为新中国建设出一份力。

对冉景文的考核分两步，初试与复试。初试时，中央美院给冉景文送来一张毛主席照片，要求是按照片雕刻一尊毛主席像。20天之后，刘汉章把冉景文的作品送美工组，栩栩如生的雕像震惊了美工组的一众雕塑家。初试顺利过关，进入复试阶段。这一次的考试地点设在中央美院。雕塑家随机找来美院的一位后勤工人做模特，制作了一尊泥塑头像，冉景文以头像为母本完成浮雕的雕刻。冉景文再一次展示了自己出神入化的雕刻技术，再次征服了美工组的各位专家。

有了中央美院专家的背书，时任北京市政府秘书长的薛子正正式向人民英雄纪念碑兴建委员会提出建议：由曲阳雕刻艺人来承担浮雕雕刻任务。

人民英雄纪念碑兴建委员会采纳了建议后，迅速向周恩来总理做了专题汇报。周总理听了汇报后高兴地说：人民英雄纪念碑，理应由人民来雕造。并批示，立即挑选一批技艺精湛的曲阳石匠进京，到中央美院进行集中培训。

冉景文、刘润芳、刘秉杰、曹学静、王二生、高生元、刘志杰、刘兰星、王胜浩、杨志卿、杨志全、刘志清，这张花名册上的12人都是当年曲阳赫赫有名、雕刻技艺精湛、经验纯熟的石匠。1952年10月，他们来到了中央美院，参加集中培训。实际上，这批曲阳石匠都是艺术成熟的手艺人，他们有着丰富的中国传统雕刻技艺和经验，每一个单凭眼力就能雕刻。那人民英雄纪念碑兴建委员会为何还要对他们进行集中培训呢？半个多世纪之后，再回过头来细究其中的原委，一切便都豁然开朗了。人民英雄纪念碑浮雕的设计者大都是法国学成归来的雕塑家，其中还有留学十几年之久的，不可否认，他们的雕塑理念中有极深的西方雕塑印记。曲阳石匠以中国传统雕刻的圆雕为主，但人民英雄纪念碑雕刻以浮雕为主，需要将中西雕刻技法完美融合才能达到设计的艺术效果。让来自民间的雕刻艺人了解西方雕刻技艺就成了当务之急，另外，集中培训还能让石匠艺人们形成相对统一的雕刻风格，毕竟人民英雄纪念碑的八块浮雕从某种意义上来说更像是一个有机的整体。

在中央美院,曲阳石匠们得以亲耳聆听享有国际声誉的一代雕塑宗师刘开渠的授课,这是学院派与民间艺人的面对面对话。作为美工组组长,刘开渠不仅要牵头各项工作,协调管理施工,还要按时到中央美院讲课,课程设置包括雕塑的基本理论、正确使用点线机、如何再现雕塑家原创的意图等。自古以来,曲阳石匠都是由师父口传心授,走进学堂进行系统的理论学习是他们人生中的第一遭。不久之后,听课的学员又增加了一部分。在教授们的悉心传授下,曲阳民间雕刻艺人很快掌握了诸多专业雕刻理论与技巧,也学会了使用点线机等先进工具。一场中央美院的结业考试之后,他们迎来了真正的人生大考——人民英雄纪念碑的雕刻,并且最终交出了一份接近完美的答卷。

1958年4月,人民英雄纪念碑正式建成。曲阳石匠用自己的双手,把历史定格在了一幅幅浮雕之上。人民英雄创造历史,雕塑家创造人民英雄,曲阳石匠用双手雕刻历史。中华大地上,石雕无数,那是历朝历代石匠鬼斧与神工的遗赠,石雕永恒,但有谁记得雕刻他们的石工巧匠?如果不是这趟寻访国碑之旅,我又从哪里得知原来是它们——曲阳石匠雕刻了人民英雄纪念碑浮雕。

人民英雄纪念碑完工后,周恩来总理发出指示:曲阳石匠是国家的宝贝,他们和外国雕刻家相比,毫不逊色,应充分发挥他们的特长,要把他们留下来。以参加人民英雄纪念碑雕刻工程的百余名曲阳石匠为骨干力量，北京建筑艺术雕塑厂成立，由此造就了新中国第一代雕刻艺术队伍，为献礼中华人民共和国成立十周年的北京十大建筑建设提供了人才储备与骨干力量。

大部分曲阳石匠留在了北京，但是也有极少数难离故土的人回到了家乡，比如刘东元。

故事讲述到这里，田顺儒的手机响了，他站起身到会议室外接了一通电话。

“我刚才说到哪了？”

“您说到刘东元回到曲阳了。”

“刘东元既是我师爷，也是我的舅姥爷。”田顺儒一边说着一边笑起来，“卢进桥是我的师傅也是我的岳父，刘东元是我师傅卢进桥的师傅，也是他的亲舅舅。以雕刻人民英雄纪念碑为契机，曲阳雕塑艺术走向了振兴之路。尤其是改革开放后，曲阳石雕迎来了空前繁荣，最多的时候，曲阳县的雕刻企业有2300多家，从业人员10万多人，曲阳石雕远销100多个国家和地区。”

田顺儒递给我一本书，黑龙江美术出版社2001年出版的《中国工艺美术大师卢进桥传》。

“您有时间看看吧！里面记录的是曲阳石雕最辉煌的时刻。”

“为什么说卢进桥先生代表的是最辉煌的时刻？”

“因为那个时候的石雕作品是艺术，现在更多的是商品，是流水线上的批量化定制。”

手机响了，这次是我的。等我接完电话，我们面面相觑，陷入了无语的尴尬。采访暂时告一段落,田顺儒带我去参观他的陈列室和精品石雕收藏。

忽然想起来一个问题,不藏着不掖着,脱口而出:“您的孩子也在从事石雕这个行业吗?”

“没有,一个也没有。”

附:

人民英雄纪念碑浮雕按其年代从碑身东面开始转南而西至北,每块浮雕的主创者、主雕者依次是:

东面:

第一幅,虎门销烟。主创者:曾竹韶;主雕者:杨志卿。

第二幅,金田起义。主创者:王丙召;主雕者:刘兰星。

南面:

第三幅,武昌起义。主创者:傅天仇;主雕者:杨志全。

第四幅,五四运动。主创者:滑田友;主雕者:刘秉杰。

第五幅,五卅运动。主创者:王临乙;主雕者:曹学静。

西面:

第六幅,南昌起义。主创者:萧传玖;主雕者:高生元。

第七幅,抗日战争。主创者:张松鹤;主雕者:刘志清。

北面:

第八幅,支援前线。主创者:刘开渠;主雕者:王胜浩、刘东元。

胜利渡长江。主创者:刘开渠;主雕者:冉景文。

欢迎人民解放军。主创者:刘开渠;主雕者:刘志杰。

后记　以国家的名义

《国碑》是我的第二本报告文学，是一本历史题材的书写，时间跨度179年，自1840年起至中华人民共和国成立七十年。这段历史对我而言既熟悉又陌生。熟悉是因为它们曾经是我学生时代试卷上的名词解释、填空题、选择题、判断题、简答题与论述题，一度是有标准答案的；陌生是因为历史是多维的，曾经的我只接触了其中一面，历史的另一面或者另外几个侧面并不因为我的看不到而消失成不存在，它们一直在那里，哪怕被忽略、被尘封、被掩埋……但历史的真相仍旧在那里，真实不虚，等待开启。做案头准备以及材料储备时，我采买了24套图书，最多的一套包括6本书，在极短的时间内翻阅了300多万字，努力让自己尽最大可能靠近、走进那段历史。

我的老师徐剑先生在报告文学创作中有独门秘籍"三不原则"：走不到的地方不写，不是亲眼看到的不写，不是亲耳听到的不写。他告诫我，真实的生活远比作家的想象更精彩，一个优秀的报告文学作家除了书斋苦读之外，更需要实地行走，从真实的生活中发现独特和精彩。即便是隔着百年,纵然历史的遗迹消失殆尽,也要走到当年历史瞬间的发生地,静心聆听、感知,以作者独有的视、听、嗅、味、触觉跨越时空,纵横勾连古今。

于是,我的先生就陪我踏上了采风之路。他从来不看我写的任何文字,但他却是我全部生活的阅读者,他陪着我先南下后北上,舟车劳顿的同时乐在其中。春节假期、清明小长假,先生又驾车载着我与正在读高中的儿子去河北曲阳寻访石匠艺人,去八宝山革命公墓拜谒林徽因,去上海参观五卅运动旧址……儿子甚至与我打擂台,以接线生唐良生为素材同题写作,作为他参加第六届“北大培文杯”的参赛篇目。

写作人民英雄纪念碑故事的旅程以虎门的玉墟古庙为起点,那是一座上下厅硬山顶、封火山墙、拜亭为卷棚歇山顶、南北两侧重檐结构的清式建筑。天津大学建筑设计院的尹文华先生告诉我,建筑是有等级的。人民英雄纪念碑碑顶用的是单檐庑殿顶,尹先生说它在中国古代建筑屋顶等级中位列第三级,天安门的重檐歇山式屋顶属于第二级,等级最高的建筑屋顶为重檐庑殿顶,只有重要的佛殿、皇宫的主殿会采用这种至高无上的屋顶,象征无与伦比的尊贵地位。

当年关于人民英雄纪念碑碑顶设计的争议在今天诸多的资料里都有迹可寻,“碑顶之争”甚至一度影响到人民英雄纪念碑的施工进度。执拗的梁思成说过这样一句话:“它们两个都是中华人民共和国第一重要的象征性建筑物。”梁思成口中的“它们”指的是天安门和人民英雄纪念碑。天安门是新中国举行开国大典的地方，是被林徽因设计在中华人民共和国国徽上的标志性形象，与它遥相呼应的人民英雄纪念碑，筑造的初衷是纪念死者、鼓舞生者。

没有踏入过全日制大学门槛的我曾学厨三年，每日背诵八大菜系菜谱，把诸多菜式的配菜与配料不求甚解囫囵吞枣地塞心入脑。后来却阴差阳错地成了一名电视记者，而后又走上了文学之路，若一言以蔽之，我40多年的人生经历可以概括为：不想当厨师的记者不是一个好作家。写作的过程其乐无穷，从采访到成书，我的工作有了一些变化和调整，从一个特别熟悉的领域突然进入一个全然陌生的疆域，白天需要打起十二分精神去适应新环境，只能向黑夜要时间，只有在暗夜时分，我才是那个双眼放光，夜夜在文字中独自舞蹈却迷醉其中且乐此不疲的自己。乐观一半，悲观一半；希望一半，失望一半。时间的一半是白昼，另一半是黑夜。浮雕作者之一的刘开渠"向黑夜要时间"，其实"向黑夜要时间"的人何尝不是我自己？就像很多画家画了一辈子，本质上是画了一辈子自己一样，作家笔下的人物难道没有自己的影子，难道不是自己内心的外在投射吗？

《国碑》开始写下第一行时，徐老师便赠我八个大字作为历史题材报告文学的书写坐标："大事不虚，小事不拘"，让我顿生云开日朗之感。不惑之年幸遇恩师，幸甚至哉。

报告文学的力量、价值、生命力皆来自非虚构，非虚构意即真实。在《国碑》写作的过程中，一直在思考关于"虚构与非虚构的建构与重构”。小说是虚构的艺术，作家依据他的逻辑与思想无中生有凭空建构起一个虚拟，这个虚拟的世界被建构它的作家赋予规则，自圆其说；报告文学则是典型的非虚构写作，是真实发生的历史，在真实面前，在历史面前，作家调动自己的五感六识去重构真实与历史。真实是报告文学的生命线，失真则亡。即便“历史是任人打扮的小姑娘”，那也仅仅代表着“历史事件本身”与“对历史事件的理解与解释”之间存在的偏差。作为一个报告文学作家，在历史题材写作中，可以因为自身之局限而产生对历史的解读或深或浅，但决不允许出现捏造与虚构。

40岁之后才真正触摸文学，方知在文学创作体裁中存在一个鄙视链，就像建筑屋顶有等级。虚构与非虚构写作果真有高低之分吗？那孰高孰低？虚构的艺术就一定比非虚构写作高级、有含金量吗？孰易孰难？就对文学的本质追求而言，虚构与非虚构难道不是殊途同归？

“我们都在努力奔跑，我们都是追梦人。”这句新年贺词温暖了很多人，《追梦人》这首歌也在《国碑》采风途中屡屡与我邂逅。当我终于以一个追梦人的姿势站在天安门广场仰望人民英雄纪念碑，一种似曾相识的感觉油然而生，那附着在纪念碑上永垂不朽的人民英雄，他们不也曾经是一个又一个真实、鲜活、具体、生动的追梦人吗？

“国碑”这个词语以前没有，但是从今天开始有了。以国家的名义，用真实的力量，慎终追远，这就是我写这本书的意义所在。

参考文献

《清史稿·陈连升传》

《清史稿·关天培传》

《中国近代史》 蒋廷黻著 武汉出版社

《中国近百年史话》 曹聚仁著 三联书店

《中国大历史》 黄仁宇著 三联书店

《移情的艺术:中国雕塑初探》 傅天仇著 上海人民美术出版社

《民国清流》 汪兆骞著 现代出版社

《林徽因与梁思成》 费慰梅著 法律出版社

《林徽因全集》 林徽因著 新世界出版社

《永恒的象征——人民英雄纪念碑研究》 殷双喜著 河北美术出版社

《辛亥百年——亲历者的私人记录》 傅国涌著 东方出版社

《南昌起义史话》 法剑明、王小玲主编 江西人民出版社

《南昌起义深镜头》 黄道炫著 江西美术出版社

《从南昌起义到渡江战役》 陈漫远主编 广西人民出版社

《五卅运动中的上海工人》 秋石、江滨、同甫编著 上海人民出版社

《五四运动画传:历史的现场和真相》 丁晓平著 中国青年出版社

《从鸦片战争到五四运动》(简本) 胡绳著 华东师范大学出版社

《黄河与蓝天:常沙娜人生回忆》 常沙娜著 清华大学出版社

《滑田友》《滑田友》编委会 江苏美术出版社

《从晚清到民国》 唐德刚著 中国文史出版社

《从甲午到抗战》 唐德刚著 台海出版社

《中国工艺美术大师卢进桥传》 王清秀、马少波、杨桂秋著 黑龙江美术出版社

《历史的丰碑——人民英雄纪念碑兴建纪事》 中共青岛市委宣传部、交运集团有限公司编著 青岛出版社

图书在版编目（CIP）数据

国碑 / 一半著. -- 杭州 : 浙江教育出版社，2020.3
ISBN 978-7-5536-9867-0

Ⅰ. ①国… Ⅱ. ①一… Ⅲ. ①纪念碑－介绍－北京
Ⅳ. ①TU251.1②K928.8

中国版本图书馆CIP数据核字(2020)第018760号

国碑

GUO BEI

一半 著

出版发行 浙江教育出版社
(杭州市天目山路40号 邮编:310013)
责任编辑 余理阳
美术编辑 韩 波
责任校对 余晓克
责任印务 陈 沁
图文制作 杭州兴邦电子印务有限公司
印刷装订 浙江新华数码印务有限公司
开 本 710mm×1000mm 1/16
印 张 16.75
插 页 4
字 数 159 000
版 次 2020年3月第1版
印 次 2020年3月第1次印刷
标准书号 ISBN 978-7-5536-9867-0
定 价 58.00元

如发现印装质量问题，影响阅读，请与印刷厂联系调换。
联系电话:0571-85155604